———

"每一个聪慧的青少年都应该阅读亚当·斯潘塞的《数字王国》——而对像我们这样的长者,此书也是开卷有益。"

———— 皮特·费兹西蒙斯(Peter FitzSimons)

———

"非常精彩,我已经迫不及待要在极客派对上和大家分享里面的数学知识啦。"

———— 玛丽安娜·迪马斯(Maryanne Demasi),ABC 电台主持人

———

"亚当·斯潘塞对数学的喜爱简直具有传奇色彩 —— 知识跃然纸上,读者们将沉浸在从 1 到 100 的数字王国里,无法自拔。"

———— 约翰·沃特金斯(John Watkins),新南威尔士州教育部前部长

———

"亚当·斯潘塞在加州长滩的 TED 演讲已经有超过百万的播放次数,堪称传奇。这本书将展示他如此成功的原因。他无疑是最伟大的数学传播者之一。"

———— 珍妮·瑞思(Janne Ryan),TEDx 悉尼的创始执行制作人

———

"数字令人着迷,你甚至不需要非常热爱数学,也会被它们深深吸引。亚当·斯潘塞熟知数字,且热爱它们。"

———— 罗德尼·卡瓦利耶(Rodney Cavalier),新南威尔士州教育部前部长

———

"亚当·斯潘塞巧用数学的历史,以及神秘的近乎魔法的方式和孩子们互动。任何年龄段的任何一个孩子都会在阅读此书的过程中对数字兴趣倍增,并对数学倾注全部的注意力。"

———— 伊夫·菲尔德(Eve Field),库里库里公立学校(Kurri Kurri Public School)校长

"一本令人愉悦、充满吸引力和合时宜的书 …… 它不但给予你趣味和惊喜,还告诉你如何运用数学解决所有基础问题。"

———— 罗宾·威廉姆斯(Robyn Williams)

亚当·斯潘塞的

数字王国

你想知道的关于数字 1 到 100 的一切

[澳] 亚当·斯潘塞　著

沈吉儿　译

郑　瑄　校

宁波出版社
NINGBO PUBLISHING HOUSE

图书在版编目（CIP）数据

数字王国 /（澳）亚当·斯潘塞著;沈吉儿译.—宁波:
宁波出版社,2020.6
ISBN 978-7-5526-3748-9

Ⅰ.①数… Ⅱ.①亚… ②沈… Ⅲ.①数学－普及读
物 Ⅳ.① 01-49

中国版本图书馆 CIP 数据核字（2019）第 269033 号

本书中文简体版权经由锐拓传媒（Email:copyright@rightol.com）取得,授权宁波出版社独家发行。
未经宁波出版社书面许可,不得以任何方式复制或抄袭本书内容。
版权合同登记号:图字: 11-2018-193 号

数字王国
SHUZI WANGGUO

[澳]亚当·斯潘塞 / 著　　沈吉儿 / 译

出版发行	宁波出版社
	（宁波市甬江大道 1 号宁波书城 8 号楼 6 楼　315040）
责任编辑	陈凌欧　徐　飞
责任校对	虞姬颖
装帧设计	金字斋
印　　刷	宁波白云印刷有限公司
开　　本	710 毫米 ×1000 毫米　1/16
印　　张	26.5
字　　数	300 千
版　　次	2020 年 6 月第 1 版
印　　次	2020 年 6 月第 1 次印刷
标准书号	ISBN 978-7-5526-3748-9
定　　价	88.00 元

如发现缺页或倒装,影响阅读,请与承印厂联系调换。电话 : 0574—87294253

这本书奉献给一个数字和 ……
一个神秘的女人 ……

向数字 4 致敬,它是整个疯狂冒险的起点。

这是第一个让我痴迷,使我想挑选出来进行研究和了解的数字。我记得我把东西按 4 个一组分类,即两组,每组 2 个,然后加倍,再加倍,一遍一遍,直到数字大得让我难以理解——100,甚至 1000。现在看来不是什么大数字,但我当时年龄很小。我想,大概是 ……4 岁吧。

我将永远不知道为什么这个数字是 4,而不是 3,它也是一个十分高贵的质数,或者 6,一个完美数,或者 7…… 事实上,我知道为什么不是 7——对我来说,这是个被高估的数字。但那将是另一个故事了。

4,你真是个可以长相厮守的数字。

这本书也献给一个神秘的即将 30 岁的女人。那时我刚刚在 Triple J(译者注: 澳洲广播电台的一档节目)上当早间广播员,而你,一个高中一年级的学生(也刚好是我猜想这本书读者的年龄),用电子邮件的突破性科技给我发了一个信息,上面很简单地写道:"自从你上了 Triple j,演说了你的那些内容以后,在学校就很少有人对我挑衅了。"

这本书献给你,以及每一个像我一样热爱数字 4 和 3,嘿,甚至是数字 7 的人。它们着实是些极其可爱的内容,把它们介绍给你们使我激动万分。

自　序

　　我爱数字。从记事起我就热爱它们。当人们问我的时候，我对他们这样解释：数字就好像是宇宙交响乐播放着的音符，也像是拼接生命七巧板的零件，但更重要的是，我认为它们简直美极了。

　　现在，如果你正捧着这本书，你就是以下两种类型中的一种（看，即便当我写这本书的简介的时候，我也拥有像数学家一样的口吻）。你们要么像我一样热爱数字，要么正在寻找爱上数字的有力理由。

　　如果你热爱数字，马上投入到数字的海洋里吧。沉浸在美妙的客观事实、规律和问题中。尝试着解决奥秘，并把本书作为进入神奇的数学世界的跳板。

　　如果你需要一点有力的证据证明数字之美，那么这本书也是你的不二选择。你需更沉静地领略，并对数字驻足品赏，我确信你会享受阅读此书的乐趣。

　　此书中很多内容甚至连成年人也没有在高中教材中见过，现在的学生也从未了解过，但即便此书中有很多大二、大三的数学知识，我也会将其深入浅出地阐述，不会让读者感到困难。

　　敬请你们，如果看到一些有点难理解的知识点，尽管跳过它，以后再重新回来看。你们需要做的仅仅是翻到另一章，然后享受那里面奇特而又美妙的数学知识即可。

　　如果你在阅读《数字王国》时遇到任何问题，可以到 adamspencer.com.

au 这个网站告诉我。提出问题、开启争辩，甚至指出我的错误（并稍微地毁掉我的一天）。我爱看到你们的回应。

严格地说，这本书是建立在，如果我没记错的话，我曾经于 1998 年撰写的一本书的基础上的"全面完善的第二版"。距离写那本书的时间已很久远，说实话，我已经不记得到底是什么时候写的了。

从那时开始，我学习了更多知识，也变得更有野心了，正逢因特网时代的到来，我阅读了一些极妙的书。特别要提的是，我的灵感被以下的书所激发：马丁·加德纳（Martin Gardner）的有着美丽书名的《宇宙比黑莓更稠密吗？》（*Are Universes Thicker Than Blackberries?*），戴维·威尔（David Well）的《奇趣数字的企鹅词典》（*Penguin Dictionary of Curious and Interesting Numbers*），罗布·伊斯特维（Rob Eastaway）的《多少只袜子才能配成一双？》（*How Many Socks Make a Pair?*），德里克·尼德曼（Derrick Niederman）的《数字怪人》（*Number Freak*），伊万·莫斯科维奇（Ivan Moscovich）的《谜题杰作》（*Puzzle Masterpieces*），克里福德·皮克霍弗（Clifford Pickhover）的《数学之书》（*The Math Book*），戴维·达琳（David Darling）的《万能数学小百科》（*The Universal Book of Mathematics*），以及诙谐而增长知识的英国电视巨星 Qi 的书。最后，还有一件重要的事，就是 mathworld.wolfram.com 现已运营，它是你想找到任何其他数学事实的美妙来源。

如果我的《数字王国》可以像以上精彩的书激励和逗乐我一样地激励和逗乐你的话，我将成为一个快乐的小数学家。

谢谢你们购买这本书，现在开始享受吧。

亚当·斯潘塞

−3, −2, −1, 0···

译者序

《数字王国》堪称一本奇书。

作者亚当·斯潘塞以 1 到 100 这 100 个数字为主线，展开联想，娓娓道来。书中处处洋溢着作者的幽默、风趣以及睿智、博学。此书以数学知识为底色，深入浅出，众多例子源于生活，人们熟视无睹的日常现象一旦被作者理性地证明和阐述，不免让读者产生"原来如此"的相见恨晚之感。

彩虹如何通过一滴露珠折射生成？超立方体该怎样在脑海中想象？梅森素数到底是怎样的一个集合？监狱中匿名者创造的多阶幻方神奇在何处？围棋和象棋对弈需要何等精深而缜密的策略思考？如何最短化 4 个小伙伴的过桥时间，而使他们在 18 分钟内安全跨过摇摇欲坠的吊桥？……所有这些妙趣横生的谜题一定会激起你十二分的好奇心和求知欲，并在开启头脑风暴、探索无限想象空间上助你一臂之力！

虽然介绍每一个数字的篇幅大致相等，内容却新颖各异而动人心弦，让读者情不自禁地深入其中，不可自拔。每章的知识清晰易懂，但却充满了独创性，紧紧地抓住了读者的好奇心；更难能可贵的是，就如作者在自序中所说，此书让读者"沉浸在美妙的客观事实、规律和问题中"。确实，在理解了每一个有趣而隽永的数学知识后，读者会有更浓厚的兴趣自己去钻研，这也使这本书成为"神奇的数学世界的跳板"，从而引领读者徜徉在更加广袤的数学海洋中。

沈吉儿

2019 年 6 月 3 日

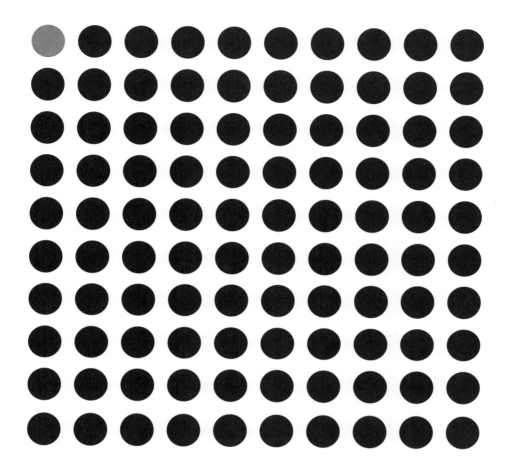

1

◎ 数字 1

从严格意义上说 1 并不是"第一个数字",因为还有负数、零和不计其数的其他"比 1 小"的数字。但 1 绝对是我们大多数人所遇到的第一个数字,也很可能是我们联想到的第一个数字。这种认知 —— 我们可以有 1 份某物,或者 2 份某物,或者很小部分的某物 —— 这就是古怪却又令人着魔的,叫作数学的恶棍进入我们人生的开始。

你将任何数乘以 1,将得到这个数本身。说得复杂一点,对于任何数字 a,a×1=a。因此 1 叫作"乘法单位(multiplicative identity)"。相似地,a+0=a,0 就叫作"加法单位"(additive identity)。

◎ 本福特定律(Benford's Law)

电气工程师和物理学家弗兰克・本福特(Frank Benford)注意到了自然数列令人惊叹的性质。如果你选择世界上 500 个城市并列出它们的人口数目,或者选择世界上 500 个国家并列出它们的国土面积,或者记录下 5 年内每天当地报纸头版出现的每一个数字,你会发现一个有趣的规律。

你也许会觉得 3 或 7 或 9 出现在第一个数位的概率是相等的。但是你错了!本福特定律告诉我们第一位数字为 1 的可能性是 30.1%,2 则为 17.6%,3 为 12.5%,4 则是 9.7%,接着列举,直至可怜的 9,它只有 4.6% 的出现概率。

本福特定律有众多令人称奇的应用,其中之一就是用于发现税务造假的人。如果你报税表上的数字不遵从本福特定律,那么你就可能被怀疑。

拿出一条 1 米的绳子并把它切成两段。

把其中的一半再切成相等的两段,再将所得的一半切成相等的两段 ……
如此反复,

我们的 1 米长的绳子看上去像这样了:

以此类推,所以 1 米长的绳子现在是由以下的部分组成的:

$\frac{1}{2}$ 米, $\frac{1}{4}$ 米, $\frac{1}{8}$ 米, $\frac{1}{16}$ 米 …… 以此方式,可以写很长很长,它们代表我们
所说的无限数列,以此推出这个等式:

$$1 = \frac{1}{2} + \frac{1}{4} + \frac{1}{8} + \frac{1}{16} + \frac{1}{32} + \cdots$$

在这个例子中,无限数列之和等于一个有限的数值。

◎ 基础知识

如果你花一些时间阅读这本书，你可能会碰到几件让你困惑的甚至是吓你一跳的事情。所以让我们开始惊险之旅吧。

1 不是一个质数。

当你读上面这句话的时候大概会有两种反应。你要么是想着"哇，为什么是这样呢？要么是坐在那，紧皱双眉反复思考着"那什么是质数呢？"

让我们从那个让你皱眉的家伙开始吧。

6 不是一个质数，因为我们可以用两个较小的整数之积表示它，即 6=2×3。我们把 2 和 3 叫作 6 的因数，把 6 称为合数。

对于数字 7 我们可以写作 7=1×7，但我们无法找到除了 7 和 1 以外的任何其他因数。所以 7 是一个"质数"。

听得懂吗？太棒了。但是一旦你明白质数的定义，认定 1 是质数也是可以理解的，毕竟，1=1×1，且我们没法把它表示为任何其他的因数之积了。

但，我们试试吧。

如果我们把两个质数相乘，得到的数显然不是质数。5 和 7 是质数，5×7=35，而 35 明显是个合数。

让我们假装 1 是个质数。我们都知道 3 是个质数。所以把这两个数字相乘我们得到了 1×3=3。将两个质数相乘我们得到了 3，那么 3 就应该是一个合数。但是我们刚刚说过 3 是个质数！两者不能兼得 …… 啊，我的头好痛。

因此假定 1 是质数令我们进入一个矛盾的状况。所以 1 不是质数。事实上，它也不是合数。因为 1 是"乘法单位"，所以它是一个特例。数学家把 1 称作"单位（unit）"。虽然这不太可能，但如果真的有人问，你的回答是，0 也既不是质数，也不是合数。

这类先假定一个结论是正确的，然后发现矛盾情况的论证方法叫作"反证法"。这是数学领域最有力的思维方式之一。

2

2 只能被分解成 2=1×2,所以 2 是一个质数。2 是唯一的偶数质数,因为任何其他偶数都可以被 2 整除,因此都不可能是质数。

◎ 无理数

显然 3×3=9。我们也可以把这个等式读作"3 的平方等于 9"并写作 $3^2=9$。

与此相逆的是"9 的算术平方根是 3",写作 $\sqrt{9}=3$。

有时平方根是整数,例如:$\sqrt{25}=5$,$\sqrt{49}=7$。但绝大多数的平方根都没有那么"干净"。

2 的平方根叫作"无理数"。这不是说它们会在宴会上无理取闹,而是指它们不能用 $\dfrac{a}{b}$ 这样的分数表达出来,满足 a,b 为整数,且 $b \neq 0$。

早在公元前 500 年,麦塔庞顿(Metapontum)的哲学家希帕索斯(Hippasus)是第一个证明 $\sqrt{2}$ 是无理数的人。

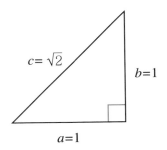

著名的数学家和哲学家毕达哥拉斯(Pythagoras),也在公元前 500 年左右,发现一个有 90° 角(直角)的三角形的两条较短边 a 和 b 和较长边有以下的数量关系:$a^2+b^2=c^2$。所以在一个两条直角边皆为 1 的直角三角形中,我们这样计算较长边,即斜边:$c^2=1^2+1^2$,即 $c=\sqrt{2}$。

Basile Bouchon 自动织布机的照片，被展示于巴黎的法国工艺博物馆（Musée des arts et métiers，Paris）中。图片来源：Dogcow

    2 是"二进制系统（binary system）"的基础，二进制是一种只用 1 和 0 两个数字表示的记数系统。这是计算机技术的基础，我们在第 64 章还会提到。1725 年，法国纺织工人巴西莱·布雄（Basile Bouchon）发明了一种仪器，它是由一卷穿孔纸带组成的，上面的孔洞可以控制机械纺织机上的线。同样的想法也用在自动钢琴上。之后查尔斯·巴贝奇（Charles Babbage）将二进制用于他的"解析机（Analytical Engine）"（见第 79 章）。感谢二进制数学，它使人们可以用"解析机"做到各种神奇的事情……乃至自拍。

好奇号（Curiosity Self-Portrait）在火星温迦纳（Windjana）钻探点的自拍。图片来源：
http://www.nasa.gov/jpl/msl/pia18390/#.U7oLv2eKJM9

1 + 1 = 2

在你说"那可谢谢你告诉我，亚当"之前，我想告诉你这其实是一个十分深刻的结论，严格地说，需要花费惊人的努力才能证明。

偶数

偶数是可以被 2 整除的数字。2 是我们通常最先遇到的偶数，虽然严格地说，0 也是偶数，-2，-4，-6 等也是。

红色的星球

火星有两个卫星 —— 火卫一福布斯（Phobos）和火卫二蒂莫斯（Deimos），它们是古希腊神话中战神阿瑞斯（Ares）的两个孩子（罗马人将火星看作是阿瑞斯）。

3

◎ 欧拉多面体公式（Euler's Formula for Polyhedra）

瑞士传奇数学家和物理学家莱昂哈德·欧拉（Leonhard Euler）发现了数以千计的数学现象——他的确是个高手。其中一个发现是关于三维（3D）图形的。欧拉发现在任何一个没有凹口或洞的三维图形中（数学家把它们叫作凸三维多面体），顶点（角）[vertice（corner）]，面（face）和边（edge）的数目遵从这个等式：$V+F-E=2$（即顶点数 + 面数 − 边数 = 2）。

◈ **小测试**：证明欧拉公式对以下 3 个三维图形适用：正方体（cube），正方棱锥（square pyramid）和八面体（octahedron）。

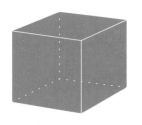  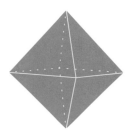

答案在本书最后。

◎ 毕达哥拉斯三数组合（Pythagorean Triads）

显然 $3^2 + 4^2 = 9 + 16 = 25$，而 $5^2 = 25$。所以 $3^2 + 4^2 = 5^2$。

重新回到第 2 章的毕达哥拉斯定理，我们看到较短边为 3 和 4，较长边为 5 的直角三角形。因此我们说（3，4，5）是毕达哥拉斯三数组合。

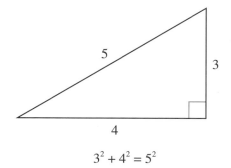

$$3^2 + 4^2 = 5^2$$

◎ **强森定理**（Johnson's Theorem）

一个适合派对上用的很棒的魔术，最先由美国数学家罗杰·强森 (Roger Johnson) 在 1913 年发现，就是这样 —— 如果你画三个等圆，并在同一点相交，那么圆的其他三个交点肯定都落在第四个同样大小的圆上。

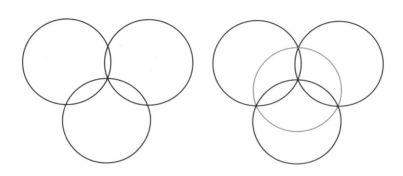

这就是强森定理，说实话，虽然我把它叫作"派对魔术"，但是也得取决于你去的是怎样的派对！

◎ **莫利定理**（Morley's Theorem）

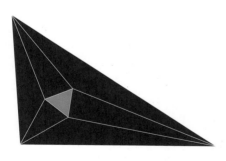

把一个角分成 3 个大小相等的角，就是我们所说的"三等分 (trisect)"它。杰出的美国数学家托马斯·莫利（Thomas Morley）发现如果你三等分一个三角形的每一个角，那么这些三等分线的交点将构成一个等边三角形。

不管这个大三角形是什么样的形状，中间的三角形的三边都相等，也就是等边三角形（equilateral triangle）。

11

3 是一个斐波那契数字（Fibonacci number）。斐波那契数列是：1,1,2,3,5,8,13,21… 你看出规律了吗？你将其中两个相邻的数相加可得接下来的第三个数。斐波那契数列是数学中最著名也是最常用的数列之一。

这些是人体内最微小的骨骼

有一个不需要计算器就能判断一个数字是不是可以被 3 整除的简单方法。如果一个数所有数位上的数的和能被 3 整除，那么这个数就能被 3 整除。没有例外。所以，我们知道 39 123 能被 3 整除，因为 3+9+1+2+3=18，而 18=3×6。如果你想知道的话，39 123=13 041×3。对于更大的数字，你可以重复以上过程，即将它各个数位上的数相加，直到求得一个足够小的、可以简单算出是否能被 3 整除的数为止。

而镫骨是其中最小的

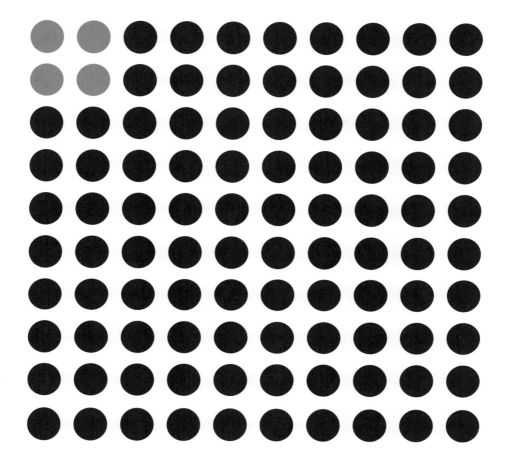

4

在"four"（数字 4 的英文）这个单词中，有 4 个字母。这也是唯一一个字母个数和数字含义相同的数。

◎ 我的初恋

我第一个爱上的数字是 4，我不知道为什么爱上了它。我们可以将 1 乘以 2 的 2 次方得到 4，还有正方形有 4 个顶点，再或者你在四拍的节奏中可以拍出 4 个一拍等，这些都让我觉得 4 十分自然和美丽。

现在甚至当我要调整 MP3 随身听或者广播的音量时，我都选择将它们调成 4 的倍数。

或许只有我是这样的吧？

◎ 4=2×2

这看上去并不是最伟大的发现，但这个图像告诉我们几个很酷的关于 4 的事实。

4 是第一个不只是可以用它自己和 1 的乘积表示的数。所以 4 是第一个"合数（composite number）"。

并且因为 4=2×2，我们可以把它画作正方形中的 4 个点。

就像我们看到的，4 是 2 的平方数，可以把它写作 $4=2^2$。那个在上面浮着的数我们叫它"幂"或"指数"。我们也可以说 4 是 2 的 2 次方。再举个例子以深入了解这个符号，5×5×5 可以被写成 5^3，叫作"5 的 3 次方"。

◎ **4 的分拆**（partition）

我们可以把 4 写作 4=4，4=3+1，4=2+2 或者 4=2+1+1 等。这些都是 4 的不同分拆方式。我们分拆 4 的时候，将 2+1+1 和 1+2+1 看成相同方式。当写下一个数的分拆的时候，我们要么从最小的数写到最大的数，要么从最大的数写到最小的数，这样我们才能做到不重不漏，找到每一种分拆方式。

◈ **小测试：** 找到 4 的所有 5 种分拆方式。

答案在本书最后。

◎ **4 个 4 的问题**

请看下面的 4 个等式：

$$1=\frac{4 \times 4}{4 \times 4} \qquad 2=\frac{4}{4}+\frac{4}{4}$$

$$3=\frac{4+4+4}{4} \qquad 4=(4-4) \times 4+4$$

一个著名、有趣但伤脑筋的数学问题：通过最基础的算术方法把 1 到 100 的所有正整数用 4 个 4 表示出来。

我们说的"最基础的算术方法"是只能用 +，−，×，÷（见第 6 章和第 24 章），$\sqrt{}$（见第 2 章）得到大多数答案，然后再用几个不常用的符号得到其他更具挑战性的数。比如，你可以用 4 个 4 算出 1 到 30 的所有正整数，这并不麻烦。试试看吧！

脱氧核糖核酸（Deoxyribonucleic Acid，简称DNA）是对我们和所有其他生物的生理功能至关重要的神奇分子。

我们的DNA存在于细胞核中细长的叫作染色体的结构中。虽然它惊人的复杂，但从根本上说，它有4个——只有4个——组成零件，叫作核苷酸（nucleotide）。

这些核苷酸是由1个脱氧核糖（deoxyribose）、1个磷酸盐分子（phosphate molecule）和腺嘌呤（Adenine）、胞嘧啶（Cytosine）、鸟嘌呤（Guanine）、胸腺嘧啶（Thymine）中的一个组成的，就是亿万个这样的A, C, G, T组成了我们DNA中海量的信息。

每一个细胞中有30亿对这样的碱基，如果将它们展开，我们将会得到长达2米的DNA。而你体内数万亿个细胞中的所有的DNA展开后的长度将超越太阳系的长度。

在弗朗西斯·克里克（Francis Crick）、詹姆斯·沃森（James Watson），以及更鲜为人知，但绝对令人敬畏的罗莎琳德·富兰克林（Rosalind Franklin）揭开DNA双螺旋结构的面纱之后的50年，我们又有了很多发现。然而我们还有很长的路要走。谁会想到小小的4个字母——A, C, G, T——会告诉我们这么多呢？

5

5 似乎是流行男孩乐队的标准人数。虽然这些乐队存在于不同的年代，在不同的国家受追捧，如 Backstreet Boys，'N Sync，5ive，Take That，New Kids on the Block，One Direction 等，它们有几个共同点 —— 他们的音乐都极其差劲可悲，并且他们都有 5 个队员。据我所知，这 5 个人才能的分配按传统来说通常是两个极出色的舞者、一个穿宽松衣服且极英俊的、一个犹豫不合群的（他有着鼻环和胡子）、一个差不多可以 …… 唱歌的人。

◎ 五维空间（Five dimensions）

你应该知道一个圆的面积是 "pi 乘以 r 的平方"，我们写作 πr^2。我可以再提醒你，球的体积是 $\frac{4}{3}$ π r^3。

所以当半径是 1，二维的"单位圆（unit circle）"的面积为 A=π。类似的，一个"单位球（unit sphere）"是一个三维图形，它的体积是 $V = \frac{4}{3}$ π。

现在如果让你去想象在四维或更高次维空间的球，可能会让你焦头烂额，但这儿有个令人称奇的结果。单位球的体积并不是只随着维度的增高而增加的。事实上，单位球的体积从二维开始之后是这样的：

$$\pi, \frac{4\pi}{3}, \frac{\pi^2}{2}, \frac{8\pi^2}{15}, \frac{\pi^3}{6}, \frac{16\pi^3}{105}, \frac{\pi^4}{24}, \cdots$$

你可以发现当 π 的幂越来越大时，分数变小得越来越快。令人惊奇的是，当维度接近无限时，它的体积几乎为零。

所以"最大的"单位球是五维上的那个：

$$V = \frac{8\pi^2}{15}$$

下次你在五维空间打球的时候，可以用这个让球友对你刮目相看。

每一个以 5 结尾的数字都可以被 5 整除（其余所有 5 的倍数末位为 0）。还有，$5=1^2+2^2$，5 是最小的能用两个正数的平方和表示的数。

◎ 柏拉图正多面体（Platonic solid）

大家肯定都熟悉正方体。用复杂的数学语言来形容正方体，就是"一个所有面都是全等正方形的三维多面体"，并且在每个顶点（vertex）（角的高端说法）处都有相同数量的面相交。这样的图形就叫"正多面体"。

当我们用 3 边相等的三角形（即正三角形）构建立体图形时，我们又得到另外三个正多面体。

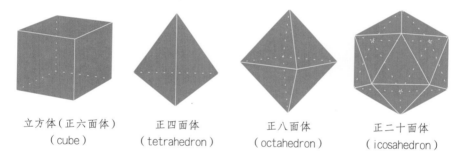

| 立方体（正六面体）
（cube） | 正四面体
（tetrahedron） | 正八面体
（octahedron） | 正二十面体
（icosahedron） |

当所有的面都是固定的正五边形（pentagon）（5 条边相等），我们得到一个正十二面体（dodecahedron）。

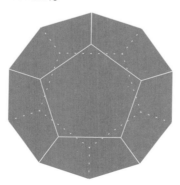

5 是最著名的直角三角形的斜边（hypotenuse）（最长边）的长度。

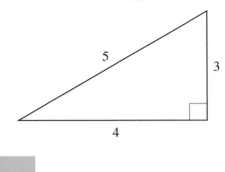

要得到任何一个以 5 结尾的数字的平方，只要将它想成是一个形式为 $n5$ 的数字，n 是 5 之前的所有数字。要得到答案，我们先在后两位写下 25，之后在前面写下 $n \times (n+1)$。那么 75^2 的答案是什么？这里有 $n=7$，而 $n \times (n+1)=7 \times 8=56$，所以 $75^2=5625$。

◎ 俄罗斯方块（Tetris）

我们把由 4 个正方形以边相接组合而成的图形叫作"四格骨牌（tetromino）"［就像多米诺骨牌（domino），但这里 "tetro" 是 4 的意思］。

如果你像我小时候一样，不介意花点钱玩俄罗斯方块游戏，你大抵没注意到你事实上在排列 5 个最基础的方块或可以自由移动的四格骨牌。

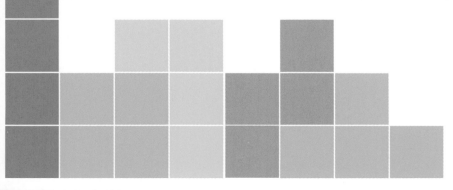

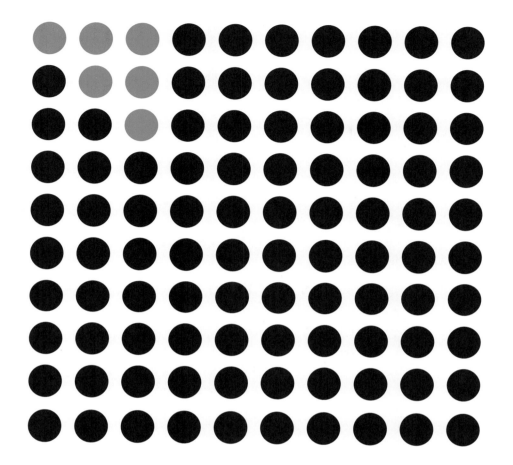

◎ 凯文·贝肯（Kevin Bacon）的 6 度人际圈

"凯文·贝肯的 6 度人际圈"这个现象，来源于电影《6 度分隔》（*Six Degrees of Separation*），它将演员根据其与某个著名演员合作的关联程度来计分。

举个例子，罗素·克劳（Russell Crowe）在《铁拳男人》（*Cinderella Man*）中和兰斯·霍华德（Rance Howard）合作，而后者则在《阿波罗 13 号》（*Apollo 13*）中和凯文·贝肯合作，因此罗素·克劳的"贝肯数"为 2。

这就是数学家所说的"人际网络（network）"或者"路线（path）"在电影演员界的一个例子。

要找到一个贝肯数为 4 或以上的演员极其困难，这让人们相信凯文·贝肯是好莱坞电影世界的中心。但在运用计算机对大量电影数据分析处理之后，它们得出凯文·贝肯的确十分受欢迎，却绝不是好莱坞世界的中心结论。

截至我完成这部分内容之时，所有演员的平均贝肯数为 2.998，这让凯文成为史上第 370 个有最多关联的演员。薇诺娜·瑞德（Winona Ryder）（2.994，第 342 名），乌比·戈德堡（Whoopi Goldberg）（2.941，第 104 名），他们都比凯文大哥有更多的关联，而在好莱坞电影世界有最多关联的演员则是罗伯特·德尼罗（Robert De Niro）、丹尼斯·霍珀（Dennis Hopper）以及 …… 此处应有击鼓声，有请 …… 哈威·凯特尔（Harvey Keitel），平均凯特尔数为 2.849。

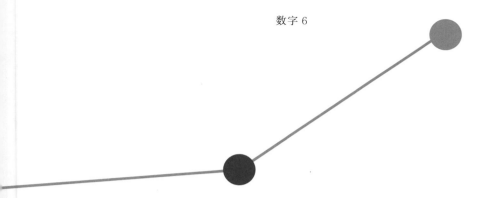

◎ 野兽之数

虽然在数学家眼里，6 是个完美的数，但一些笃信宗教的人看到 6 时就有点儿吓到了 …… 或者更准确一点儿说，是当 3 个 6 放在一起时。

在天主教圣经《启示录》（*Book of Revelations*）中，有一段文字写道："让有智慧的人拥有野兽之数，因为这是人的数量，这个数目是 666 个。"

我不知道这是什么意思，说实话，很多比我聪明得多的人也思考过这个问题，但也不能得到公认的答案。但我的确知道两件事：

第一，野兽之数可以用几个很酷的方式表示出来，例如：

$666=1^3+2^3+3^3+4^3+5^3+6^3+5^3+4^3+3^3+2^3+1^3$

$666=3^6-2^6+1^6$

$666=6+6+6+6^3+6^3+6^3$

第二，铁娘子乐队（Iron Maiden）在 1982 年发行的专辑《野兽之数》（*The Number of the Beast*）简直太棒了 —— 特别是那一曲《跑至山上》（*Run to the Hills*）。

6

关于 6 的
几个事实

6 是一个"完美数(perfect number)"。完美数指的就是那些因数(不包括它们本身)之和等于它本身的数。6 可以被表示为 1×6 或 2×3。当我们把因数相加时得到 $1+2+3=6$。

除 $6=1+2+3$ 之外,$6=1 \times 2 \times 3$。为了节省时间我们写作 $6=3!$,读作"6 等于 3 的阶乘"。你也许觉得我们也没省下多少时间,但如果你要点儿使人信服的例子,试试 $100!$,把它完整地写下来试试看。

有 6 条边的正多边形(所有边长都相等的图形)被称为正六边形(hexagon)。正六边形是自然界十分重要的组成图形,蜂巢、雪花、龟壳以及不计其数的化合物都以正六边形的形式存在。

唯一一个限定家庭内饮酒最低年龄的国家是英国,它禁止 6 岁以下儿童喝酒。有道理,真的。

一个成年男子休息时的心跳大约为每分钟 72 次,而一头蓝鲸的心跳仅为一分钟 6 次。而另一个极端,一只金丝雀的心跳估计一分钟有 1000 次之多 —— 好像它们一直在健身似的。

最后,令人称奇的一个事实是人类小肠有 6 米那么长,它充满了 …… 唔,你不会想知道是什么的。

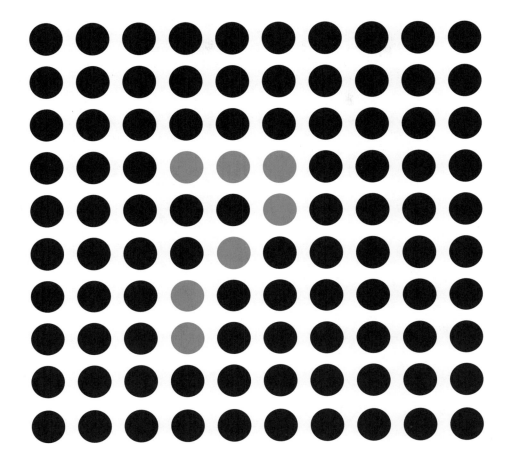

7

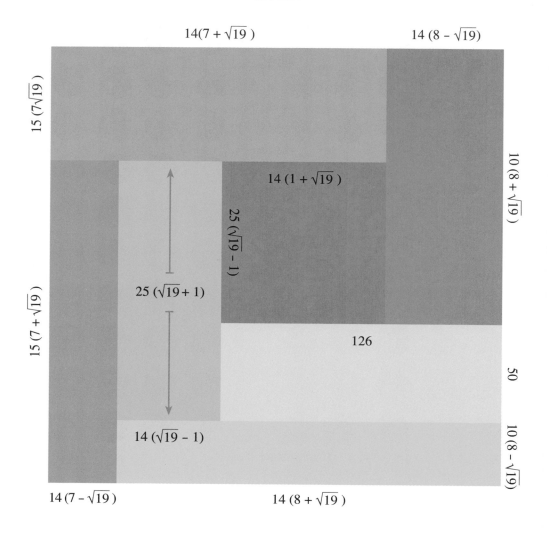

14(7 + √19) 14 (8 − √19)

15 (7√19)

10 (8 + √19)

14 (1 + √19)

25 (√19 − 1)

25 (√19 + 1)

15 (7 + √19)

126

50

14 (√19 − 1)

10 (8 − √19)

14 (7 − √19)   14 (8 + √19)

◎ 布兰奇分割（Blanche's Dissection）

　　布兰奇分割指的是将一个正方形最简分割成面积均相等但形状不同的矩形。

　　这个正方形边长为 210，因此它的面积为 210×210=44 100 平方单位。布兰奇分割将它分为 7 个矩形，每个矩形的面积是 44 100÷7=6300 平方单位。

　　如果你想知道将一个正方形分割成为较小正方形超酷的方法，见第 21 章。

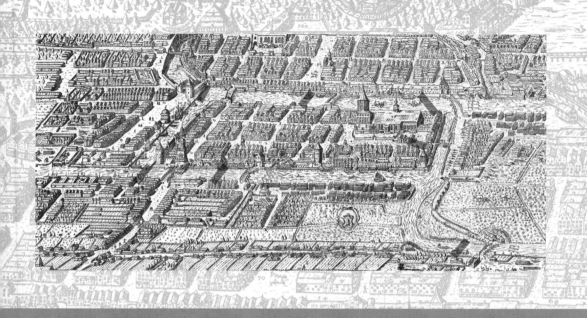

"七桥问题（the Bridges of Königsberg，哥尼斯堡的七座桥）"是 18 世纪 30 年代出现的一个古老而著名的问题。简单地说，它就是问在这个古老的欧洲城市里，是否存在一条不重复地一次性走完七座桥的路线？

如果你感到解决这个问题非常困难，别紧张，它根本无法被解决！1736 年，莱昂哈德·欧拉证明这样的路线是不存在的。这个发现绝不仅仅解决了哥尼斯堡的观光者的路线问题那么简单。整个数学分支"图论（graph theory）"被认为就是从欧拉解决了"七桥问题"开始的。

3 个关于 7 的事实

近期一个由 The Guardian 网站进行的有 40 000 人参与的调查显示，当你询问人们他们最爱的数字时，频率出现最高的数字就是 7。

在 1998 年和 2006 年之间，莱恩·比齐利（Layne Beachley）赢得了 7 次——数数吧——7 次世界冲浪冠军。棒呆了！

一粒标准骰子的相对两面加起来等于 7。有 5 的那一面称为"梅花（quincunx）"——实际上，我十分喜爱这个事实，只是我没法将它塞到第 5 章中去。

◦ 7 个圆

画一个大圆，在里面画 6 个较小的圆，使它们和大圆以及它们的"邻居"都相切。

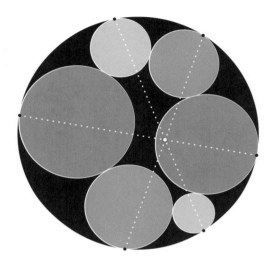

当你将对面两圆的切点连接，你会发现 3 条直线必定过同一个点。哇！

◦ 令人称奇的索玛立方体（Soma Cube）

索玛立方体是一个著名的几何体 —— 它是一个由 7 块立体组块组成的立方体。实际上有 240 种组合这 7 个组块的方式。

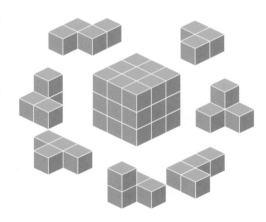

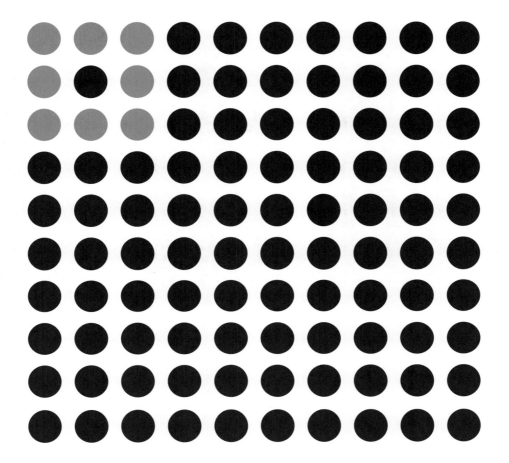

8

光年（light year）

虽然一个光子从太阳到达地球的时间为 8 分钟，但它从太阳内核到达太阳表面需要 100 000 年！

$8=2^3$ 且 $9=3^2$

这是仅有的 2 个连续整数等于某些整数的幂的情况 —— 而且这里它们都只用了 2 和 3，这真是锦上添花。

平方数的规律

古希腊数学家发现，当你求得一个大于 1 的奇数的平方时，你会得到一个 8 的倍数加 1 的数。例如 $5^2=25$，而 $25=3 \times 8+1$。

◎ 十月（October）—— 第 8 个月

人们经常搞不懂，为什么十月（October）是一年中的第 10 个月 ——"oct"应该是 8 的意思呀（如，八边形是 octagon，八爪鱼是 octopus 等）。这个困惑在人们有幸遇到一个罗马历史专家，尤其是罗马日历专家之后就能解决了。

说实话，如今的罗马历史学家可能不常见，但这就是你发挥作用的时候啦。下一次，当有人大声提出疑问"为什么十月是一年中第 10 个月，而不是第 8 个"时，你可以像闪电一样飞快地回答他："在古罗马的日历中，十月其实是第 8 个月。罗马人后来在这之后加了 2 个月，因此 October 就被推迟到了第 10 个月，但这 2 个月一直被忽略，缘于它们不是合适的农耕季节。"

当你的朋友回答说："哇，你知道这些真是太了不起啦！"你慢慢会习惯的。当你看完这本书之后，你会发现你将遇到很多这种情况呢。

8 是一个斐波那契数。意大利数学家斐波那契，又被称为"比萨的莱昂纳多（Leonardo of Pisa）"，在 1202 年写了一本著名的书，名叫《算盘全书》（Liber Abaci），它包含了"兔子问题（rabbit problem）"。如果 2 只兔子每个月生 1 对兔子宝宝，但新生的那对兔子直到 1 个月后才会繁殖，且假设兔子不会死，那么每个月总共有几只兔子？

答案是：

1
1
2
3
5
8
13 ……

—— 斐波那契数列！

　　有 8 位美国总统在职时死亡。其中，4 人被刺杀，而其余 4 人自然死亡。巧合的是，第一个被刺杀的总统亚伯拉罕·林肯（Abraham Lincoln）和最后一个被刺杀的总统约翰·F.肯尼迪（John F. Kennedy）有很多怪诞的相似之处。举个例子，林肯在福特剧院被约翰·怀克斯·布斯（John Wikes Booth）枪击，而肯尼迪则在敞篷轿车上被李·哈维·奥斯瓦尔德（Lee Havey Oswald）枪击，而此轿车也是福特牌的。

9

◎ 9 点共圆

这是一个用三角形制造出超酷的"九点共圆"的方式。我们可以从任何一个三角形开始做起，但像这个无一角大于 90 度的三角形（锐角三角形）最方便表示。

首先，标记三角形各边的中点。然后做各顶点到对边的垂线（我们把它们称为"高"）。这又给了我们另外三个点，并且我们发现三条高相交于一点。

现在，标出这个公共点和每个角（顺便说一下，我们称它们为"顶点"）连线的中点。

你永远猜不到我们可以用这 9 个点画出什么 —— 实际上，你很可能已经猜到了，如果你没有的话，看看我们的标题"9 点共圆"。很酷，是吗？

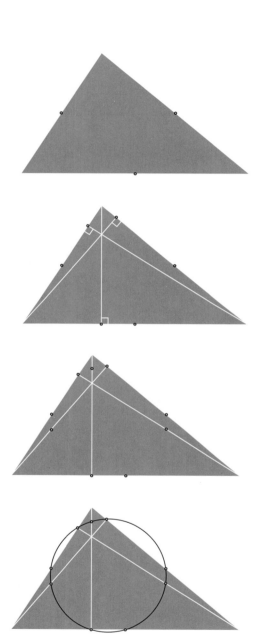

◎ **字母算术**（alphametic）

字母算术是一种谜题，它用字母表示，但你需要将字母换成数字，以使算式成立。

1924 年的一个著名的例子是：

$$
\begin{array}{r}
S E N D \\
+ M O R E \\
\hline
M O N E Y
\end{array}
$$

其中单词的字母对应数字 0—9。

要解决这个问题，我会给你一些提示，然后就靠你自己啦。

首先，即便我们使 S 和 M 尽可能的大，也最多是 9 千多加 8 千多，所以这个 5 位数不可能大于 20-000。

因此 M 一定是 1。

而第二行也是由 M 开头的，因此它也是 1。

现在我们得到：

$$
\begin{array}{r}
S E N D \\
+ 1 O R E \\
\hline
1 O N E Y
\end{array}
$$

所以 S 不可能小于或等于 7，因为如果不是这样的话，第一列不能大到能进位成 10 000。

因此 S=8 或 S=9。

但不论 S=8 还是 S=9，你都不可能得到等于或大于 12 000 的数。因此 O=0 或 1。但我们已经知道 M=1 了，因此 O=0。

这时我们已经得到：

$$
\begin{array}{r}
S E N D \\
+ 1 O R E \\
\hline
1 O N E Y
\end{array}
$$

我们可以观察 E, O, N 所在的列——如果不是它的前一位进位的话，我们将会得到 E+O=N。而这不合逻辑，因为 E 和 N 必须是不同的数。所以我们必须让它从右起第二列中进位得来，故 E+1=N。

现在让我们来尝试看看 S=8 还是 S=9。

如果 S=8，我们仍然需要一个超过 10 000 的结果。因此 E=9 是唯一的选择。但那不可能，因为这样我们就不能得到 E+1=N 了（这里 N

会等于 0,我们将向前一位进一位。然而数字 0 已经被用过了)。

因此 S=9。

这些结论对初学者来说并不容易得到。所以请你再看一遍,并用纸和笔写下来,确保你真正理解了。当你这样做后,你会发现我们现在已经得到:

$$
\begin{array}{r}
9\,E\,N\,D \\
+\,1\,0\,R\,E \\
\hline
1\,0\,N\,E\,Y
\end{array}
$$

并且我们知道 E+1=N。

剩余的数字有 2,3,4,5,6,7 和 8,我们必须将它们中的 5 个分配给字母 E,N,D,R,Y。

让 E=8 会使 N=9,而这是行不通的。

从这里开始,你自己试一试吧。要做的两件事是:①尝试 E 和 N 的不同数值,只要确保 E+1=N。②注意关于字母 R 十分重要的性质。

答案在本书最后。

◎ 幻方 (magic square)

数字 1—9 被分布在这个 3×3 的方格中,满足每一行、列、对角线上的数字之和相等 —— 在这个例子中等于 15。我们把这样的排列称为"幻方"。我希望你喜欢它,因为我们将在本书中多次遇到它。

2	7	6
9	5	1
4	3	8

⊙ **小测试:** 这个由 10 个单词组成的短句有什么可能的数学用途: Can I have a large container of coffee? Thank you.

[提示] 数数每个单词的字母数。

答案在本书最后。

10

为什么数字 10 怕数字 7？因为数到 7,8,9… 下一个就是 10 了。

（抱歉,这个是爸爸的玩笑。）

◎ 十进制（Base-10）

我们的数字系统被称为"十进制"。意思就是在数了 1,2,3…9 之后,我们来到下一个"位置",然后数 10,11,12,13 等。这个 2 位数的数字的第 1 个数位上的数告诉我们已经数了几个 10 了,因此 35 的意思就是 3 个 10 和 5 个 1。而如果我们用了七进制,那么数字 35 将是 3×7+5×1,这在十进制中等于 26。当我们填满第二个数位后,就开始第三个数位。在六进制中,312 就是 3×6×6+1×6+2,而这在十进制中等于 116。

◎ 10 步象棋

戴维·达琳在著名的《万能数学小百科》中写道,国际象棋的最先 10 步落棋方式一共有 169 518 829 100 544 000 000 000 000 000 种不同的方法。

但我得说一句,这些中很大一部分的策略,虽然合乎规则,却十分平庸。

◎ 阶乘的乐趣

在第 24 章中你会接触到数学家所说的"阶乘（factorial）",并了解到 4!=4×3×2×1=24。

好吧,其实 10!=6!×7!（如果你很感兴趣的话,可以自己证明这个,就用纸和笔,你得为自己打气)。

这是唯一一个由两个连续整数的阶乘相乘得到了一个不同数字的阶乘的例子。

伟大的印度数学家斯马尼瓦瑟·拉马努金 (Srinivasa Ramanujan) 发现了 $9^3+10^3=1^3+12^3$,我们在第 54 章中还会接触到。

◎ 戈斯珀的 10 个等腰三角形

美国数学家威廉·戈斯珀 (William Gosper) 是一个极有魅力的人。一些人认为他创建了计算机黑客团体,且在一段时间内他还保持了计算出 **π** 小数点后 1700 万个数位的世界纪录,这是前所未有的。

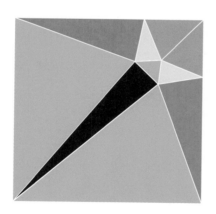

他还创造了这个将正方形分割成 10 个等腰三角形 (两条边相等的三角形) 的美丽图象。

除了十分明显的连接正方形对角线的例子,分割正方形再无法得到少于 10 个等腰三角形的结果。干得好,比尔!

十足目动物是一种拥有 10 条腿的甲壳纲动物 —— 比如寄居蟹

11

快看这个：$1^2=1$，$11^2=121$，$111^2=12321$，$1111^2=1234321$… 你能看出什么端倪来吗？下次你想看到别人佩服的目光时，试着展示 $111111111^2=12\,345\,678\,987\,654\,321$。

◎ 11 个正方形

下面图形中 11 个正方形拼在一起，虽然不能形成一个正方形，但可以说是惊人地接近了。每个数字都代表了它所在正方形的边长。事实上，它们组成了一个 176×177 的矩形。

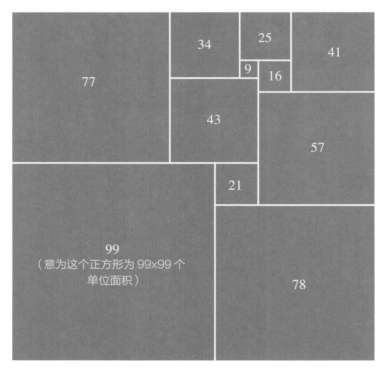

再等一会儿（第 21 章），我们就会知道若要拼成一个大正方形，我们还需要几个小正方形。

◎ 六格骨牌（hexominoe）

这里一共有 35 种六格骨牌（第 5 章介绍了四格骨牌）。但在这 35 种形式中，下面的 11 种有什么共同之处呢？

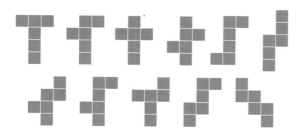

答案：它们可以被折叠成一个立方体。

◎ 重复的愤恨

数字 1 重复 n 遍写作 R_n，我们称之为"重复单位（rep-unit）"，是 repeated unit 的缩写，例如：$R_2=11$，$R_6=111\ 111$。

我们知道如果 n 整除 m，那么 R_n 整除 R_m，且除了 $R_1=1$，没有一个 R_n 是等于其平方数、立方数或任何高次幂的数。

一个既是重复单位又是质数的数称为"重复单位质数（rep-unit prime）"。显然，$R_2=11$ 是一个重复单位质数。

我们得花一会儿工夫才能找到另一个重复单位质数，也就是 $R_{19}=1\ 111\text{-}111\ 111\ 111\ 111\ 111$。

同样地，R_{23}，R_{317} 以及 R_{1031} 也是。

如果 R_{1031} 的概念让你脑洞大开，看看这个 —— $R_{270\ 343}$ 被认为大概是质数。这意思就和它听起来一样，我们认为它是质数，只不过它实在太大，我们还没能证明呢！

🔖 **小测试：** 因式分解 R_3，R_4 和 R_6，从而证明它们不是质数。答案在本书最后。

◎ 乘法持久性（multiplicative persistence）

如果我取一个数，将它的各数位上的数字相乘，将得到一个新数。举个例子，如果我们从 748 开始，将得到 7×4×8=224。继续这样做，从 748 到 224，到 2×2×4=16，最后到 1×6=6，然后就困在数字 6 上了。

我可以对所有数字这样做，最终得到一个一位数的数，然后停止。

对于 748，我们需要 3 步才能得到最后结果，因此我们说 748 的乘法持久性为 3。

似乎不管这个数多大，它们的乘法持久性都不超过 11。

这就是那些美妙的数学概念之一，称为"猜想（conjecture）"。我们测试了惊人大的数字，如 1 后面 233 个 0，也没有发现一个不符合此猜想的例子。但这和证明此猜想对所有数字都适用是两码事。

乘法持久性为 11 的最小的数是 277 777 788 888 899。

✐ **小测试：** 证明 277 777 788 888 899 的乘法持久性是 11。

答案在本书最后。

◎ 调高点儿

11 是有趣且超棒的纪录片《摇滚万岁》（*This is Spinal Tap*）中马歇尔吉他扩音器最大的音量（孩子，相信我，如果你还没看过的话，马上去看！），就像刺脊乐队（Spinal Tap）的吉他手耐吉尔·塔夫内尔（Nigel Tufnel）自豪地解释道："当所有其他乐队扩音器在音量 10 就停止的时候……（我们将来到）音量 11。比 10 响一级。"

当采访者问道："为什么你们不将 10 定为最大音量，然后将它变得更大声一点呢？"耐吉尔尴尬地停顿了一小会儿，然后，面无表情地回答："我们将到达音量 11。"妙极。

12

充盈的

12 是第一个盈数（abundant number）。如果一个数（除它本身外的）的所有因数之和大于它本身，那么它就是盈数。12 可以写作 $1 \times 12, 2 \times 6, 3 \times 4$。$1+2+3+4+6$ 等于 16，而 16 大于 12，因此 12 是一个盈数。

专有团体

大概世界历史上最特殊（也无疑是最酷）的团体是由 12 人组成的。他们是 1969 到 1972 年间阿波罗号（Apollo）探测器的宇航员，人类中仅有他们曾在月球上行走。

太好笑了

《弗尔蒂旅馆》（*Fawlty Towers*）、《年轻人》（*The Young Ones*）和《办公室》（*The Office*）十分逗趣，它们都是英国出品，且都只有 12 集（除了《办公室》中设置的圣诞特辑）。

◎ 一打（a dozen）

12 被称为"一打"。Dozen 来自拉丁语 duodecim，duo 意为 2，而 decem 意为 10。

在人类历史上，12 在很多计数系统中起到了举足轻重的作用，今天我们仍可以看到一些遗留。比如从正午到半夜经过 12 个小时，英国旧货币 1 先令等于 12 便士等。12 被分成两份、三份和四份时都能得到整数结果，这是它优于 10 的一点。

12 也是一个极其巧妙的数学小诗歌中的主角（请见下面的小测试），但是，就像 12 代表一打一样，你也许想知道一些数字的另一个名字：144 被称为 1 个 gross，而 20 则是 1 个 score。

◉ **小测试：** 破解下面的诗歌谜题

$[(12+144+20)+3\sqrt{4}] \div 7 + 5 \times 11 = 9^2 + 0$

答案在本书最后。

◎ 五格骨牌（pentominoe）

我们把 5 个正方形沿着边拼接起来,就得到了五格骨牌。

一共有 12 个不同的五格骨牌,这就是它们所有的形状:

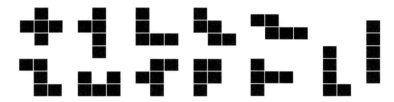

12 个五格骨牌,每个有 5 个正方形,所以总共有 5×12=60 个正方形。它们可以像下图一样填满一个 5×12 的方格图:

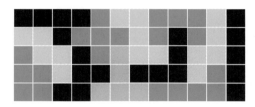

事实上,将它们填满一个 5×12 的方格图,一共有 1010 种不同的方法。而 60 也可以被表示为 3×20 或 6×10 或 4×15。

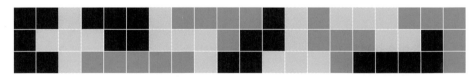

一共只有 2 种填充 3×20 方格图的方式,却有 368 种填充 4×15 方格图的方式,且有 2339 种用 12 个五格骨牌填满 6×10 方格图的方式。太好了。

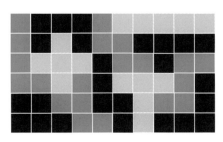

我们脊柱的中间部分存在 12 条胸椎。你觉得惊人吗？一些树懒有 25 条呢！

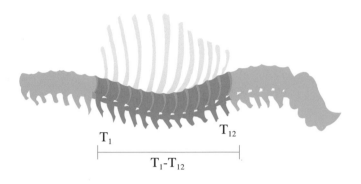

T_1 T_{12}

$T_1\text{-}T_{12}$

◎ 皇后问题（Queen Problem）

在国际象棋中，一个皇后可以向任意方向进行攻击。

然而，我们可以将 8 个皇后放置在 8×8 的棋盘上，保证没有一个皇后可以威胁另一个。

事实上，要满足以上的要求，有 12 种不同的方式。

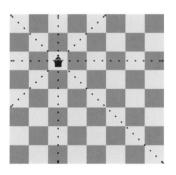

✎ **小测试：** 找出放置 8 个皇后在象棋棋盘上，且没有一个能攻击其他任何一个的 12 种不同方法。注意，如果你通过旋转或者翻折这些图形得到另一个结果，它们将被视为同一种方法。

答案在本书最后。

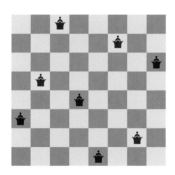

13

如果你读这一章时吓坏了，那么你一定饱受"十三恐惧症（triskaidekaphobia）"之苦——就是对数字 13 的惧怕。有一部分人非常畏惧数字 13，以至于全球一年中因为与 13 相关的缺席、取消旅行计划和商务计划造成了高达数十亿的损失。《最后的晚餐》（Last Supper）有 13 个人，女巫大多以 13 人为单位聚集。而在中国，第 13 个月偶尔被加入农历月份中，和公历年匹配，人们称它为"悲痛之王（Lord of Distress）"或"压迫（Oppression）"。在大多数宾馆，你不会找到房号为 713 或者 2613 的房间，只因为它们包含了数字 13。事实上，整个 13 层都被取消了，只是为了安全。

◦ 神奇幻方

下一页是史上最惊人而神奇的幻方之一（更多关于幻方的内容请见第 9,34,64 章）。

从中间 3×3 的幻方开始，我们看到这个 3×3 的幻方中，每一行和每一列的数字加起来都得到一个"常数（constant number）"16 311。它比正中的数字 5437 大了 10 874。

然而这个 3×3 的幻方"镶嵌"在一个 5×5 的幻方中，后者的常数为 27 185，它比先前的常数大了 10 874。而这个 5×5 的幻方则位于一个 7×7 的幻方正中，后者常数为 38 059，这个数又是先前常数加上 10 874 所得。你永远猜不到这个 7×7 的幻方又有什么奥秘。对啦，它存在于一个 9×9 的幻方中，后者的常数为 38 059+10 874=48 933。

去除下页图中最外圈的行和列，我们可以得出一个 11×11 幻方，它的常数为 59 807（再一次增加了 10 874），而最后的 13×13 幻方的常数为 59 807+10 874=70 681。而且，这个 13×13 幻方中所有数字都是质数。

让此幻方更具神秘气息的是，它于 1961 年 10 月在《游戏数学杂志》（*Journal of Recreational Mathematics*）中发表，而作者则是监狱中的囚犯，很显然，他必须匿名。

13 是一个斐波那契数。斐波那契数字在数学之外频繁存在。大多数苹果、黑莓、覆盆子、草莓、桃子、梅子、梨和樱桃的花都是 5 片花瓣,而 5 一个斐波那契数。菠萝从上至下有 8 或 13 条螺旋线。这些被称为斜 (parastichy)。

如果你在阅读的时候是周五,而且是一个月的第 13 天,你就会知道这是从周日开始的。那么你思考的时候就说得通了……

1153	8923	1093	9127	1327	9277	1063	9133	9661	1693	991	8887	8353
9967	8161	3253	2857	6823	2143	4447	8821	8713	8317	3001	3271	907
1831	8167	4093	7561	3631	3457	7573	3907	7411	3967	7333	2707	9043
9907	7687	7237	6367	4597	4723	6577	4513	4831	6451	3637	3187	967
1723	7753	2347	4603	5527	4993	5641	6073	4951	6271	8527	3121	9151
9421	2293	6763	4663	4657	9007	1861	5443	6217	6211	4111	8581	1453
2011	2683	6871	6547	5227	1873	5437	9001	5647	4327	4003	8191	8863
9403	8761	3877	4783	5851	5431	9013	1867	5023	6091	6997	2113	1471
1531	2137	7177	6673	5923	5881	5233	4801	5347	4201	3697	8737	9343
9643	2251	7027	4423	6277	6151	4297	6361	6043	4507	3847	8623	1231
1783	2311	3541	3313	7243	7417	3301	6967	3463	6907	6781	8563	9091
9787	7603	7621	8017	4051	8731	6427	2053	2161	2557	7873	2713	1087
2521	1951	9781	1747	9547	1597	9811	1741	1213	9181	9883	1987	9721

13=11+2=12+1, 对吗? 是咯, 随便呗, 亚当, 你在抓救命稻草吗, 朋友。但看看这个: 当我们写出英文形式, 13=ELEVEN PLUS TWO=TWELVE PLUS ONE 时, 会发现这个等式的两边其实互为相同字母异序词(anagram)。

◎ 进球!

我们已经接触到了正多面体(见第 5 章), 它们是每一面都全等的三维多面体, 在每一个顶点处相交的面的个数也都相等。

如果我们要寻找拥有多于一个种类的面(每一个顶点处相交的面的个数都相等的条件不变)的多面体, 那就是阿基米德多面体(Archimedean solid)。

一共有 13 种不同的阿基米德多面体, 我们在此书中也会接触到不少。其中最为人熟知的大概就是截角二十面体(truncated icosahedron)了:

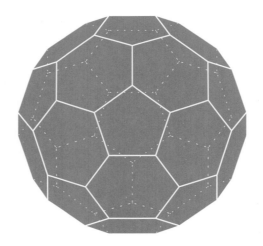

它是由 12 个五边形(pentagon)和 20 个六边形(hexagon)拼成的, 很多人将它称为 "足球形状", 因为从 20 世纪 70 年代开始, 它就是全球最受欢迎的足球设计了。

14

我不会假装知晓香味的 14 个不同种类 —— 但我从可靠信息得知，它们分为：普通花香调（floral）、柔和花香调（soft floral）、东方花香调（floral oriental）、柔和东方调（soft oriental）、东方调（oriental）、木质东方调（woody oriental）、普通木质调（woods）、苔藓类木质调（mossy woods）、干燥型木质调（dry woods）、芳香调（aromatic）、柑橘调（citrus）、水生调（water）、绿调（green）和果香调（fruity）。

◎ 不受欢迎的击球

当你在玩 PGA 高尔夫球时，你携带的球不能多于 14 个。对于很多像我这样的初学者，拥有多于 6 个击球就能把我吓坏，但却有专业高尔夫球手因为携带过多的球而被惩罚。在 2001 年的英国公开赛中，杰出的威尔士球手伊恩·伍斯南（Ian Woosnam）正处于最后一天即将胜利的状态，直到他的球童说出了这句广为流传的话："你将会受罚，因为我们的包里还有 2 个球。"伍斯南因携带 15 个球而被惩罚了两次击球。可以理解他为什么把多余的球扔到了树林里！

◎ 碳 -14

碳是对生命体至关重要的元素。在地球上，碳以 3 种自然形式存在，它们被称为同位素。3 种同位素都有 6 个质子，但碳 -12 有 6 个中子，碳 -13 有 7 个中子，而碳 -14 有 8 个中子。

碳 -12 约占地球上碳总数的 99%，碳 -13 占 1%。这看起来没给碳 -14 留任何空间，事实上碳 -14 只占了所有碳的 0.0 000 000 001%，或者说是一万亿分之一。

碳 -14 是放射性元素，它的半衰期（half-life）大约为 5730 年。测量一个物体中含有多少碳 -14 是 "碳定年（carbon-dating）" 的基础，也是计算化石年龄的核心。这个办法让我们得以回望令人惊异的历史。

◎ 卡特兰数 (Catalan number)

一共有 5 种将一个五边形 (pentagon) 分割成 3 个三角形的不同方法:

将一个正 (n+2) 边形分割成 n 个三角形的所有可能方式可用以下公式得出:

$$C(n) = \frac{(2n)!}{n!(n+1)!}$$

我知道你已经被它吓得连中饭都忘记吃了,但请相信我,它没那么复杂。还记得 3!=3×2×1=6,以及 4!=4×3×2×1=24 吗?

因此要将一个五边形分成 3 个三角形,令 n=3,这个卡特兰等式就变成了:

$$C(3) = \frac{6!}{3! \times 4!}$$

$$= \frac{6 \times 5 \times 4 \times 3 \times 2 \times 1}{(3 \times 2 \times 1) \times (4 \times 3 \times 2 \times 1)}$$

而 4×3×2×1 上下抵消则留下了

$$C(3) = \frac{6 \times 5}{3 \times 2 \times 1} = 5$$

因此要将一个五边形分成 3 个三角形一共有 5 种不同的方法。

如果你真的想玩的话,请你自己证明 C(4)=14,也就是说将一个六边形分割成 4 个三角形有 14 种不同的方式。下面是其中的两种:

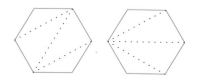

◎ 截角立方体（the truncated cube）

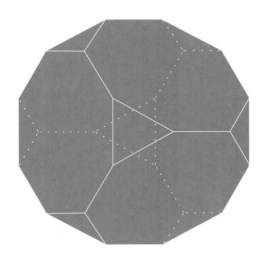

一个截角立方体有 14 个面，24 个顶点以及 36 条棱。经验证，这个阿基米德多面体是否与欧拉公式 $V+F-E=2$（见第 3 章）相吻合。

◎ 十四巧板（stomachion）

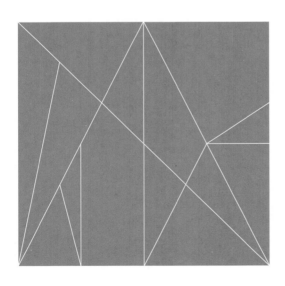

古代谜题"十四巧板"包含了 14 个碎片，它们可以拼成一个正方形。

虽然这个谜题在阿基米德时代（公元前 287— 前 212）就已经存在，但直到 2003 年，比尔·卡特勒（Bill Cutler）才用计算机证明了一共有惊人的 17 152 种方法。如果你删除那些可以通过旋转和翻折得到的解法，那么卡特勒一共发现了 536 种独特的解法。

15

◦ **著名的 15 谜题**

被称为定义了 20 世纪 80 年代的极客谜题是魔方（Rubik's Cube）（见第 20 章和第 43 章）。而在 19 世纪 80 年代的几个月中,这个极为盛行:

2	1	12	11
13	9	15	10
3	14	8	
4	5	6	7

这是什么? 我听到你问了。这是诺耶茨 · 查普曼（Noyes Chapman）著名的"15 谜题",你需要将方块移到空余空间,重新排序,直至得到从左上开始的 1—2—3—…—14—15。

如果你把这些小方格拿出来,然后随机放置它们,这个谜题事实上只有50% 可解率。举个例子:

1	2	3	4
5	6	7	8
9	10	11	12
13	15	14	

这个排列是不可解的。

说到极客游戏的美妙关联,国际象棋高手鲍比 · 费舍尔（Bobby Fischer）可以在仅仅 20 秒钟内解决一个 15 谜题。太值得炫耀啦!

传奇

澳大利亚篮球冠军劳伦·杰克逊（Lauren Jackson）为了纪念她的母亲而身着 15 号球衣，她的母亲玛利，在 20 世纪 70 年代穿着同样的球衣获得了世界冠军。

桌球派对

15 是第 5 个三角形数（triangular number），它是标准桌球比赛中有色球的个数。

不受版权保护

（uncopyrightable）

uncopyrightable 这个单词由 15 个字母组成，它是英语中最长的不含重复字母的单词。

事实上，同样长的不含重复字母的单词还有 dermatoglyphics，它比前者鲜为人知得多，意为"指纹的研究"。

一个标准的香槟酒瓶容积为750毫升。事实上你可以从15个不同体积的瓶子中选择；从为标准容积四分之一的 piccolo 到巨大的 30 升的 Midas 或 Melchizedek，它们都是以《圣经》中的塞伦王（King of Salem）命名的。我只能推断他着实是个派对动物。

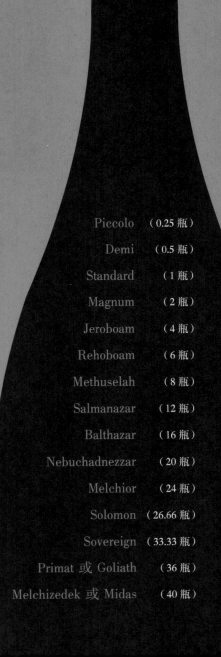

Piccolo （0.25 瓶）

Demi （0.5 瓶）

Standard （1 瓶）

Magnum （2 瓶）

Jeroboam （4 瓶）

Rehoboam （6 瓶）

Methuselah （8 瓶）

Salmanazar （12 瓶）

Balthazar （16 瓶）

Nebuchadnezzar （20 瓶）

Melchior （24 瓶）

Solomon （26.66 瓶）

Sovereign （33.33 瓶）

Primat 或 Goliath （36 瓶）

Melchizedek 或 Midas （40 瓶）

16

◎ 甜蜜的数字 16

大多数书籍都是用像普通半挂车大小的大型机器印刷出来的。这些机器，或称之为"胶版印刷机（offset printer）"，运作时极快且猛，将一大卷纸剪裁成我们所说的"部分（section）"。每一部分又被分成不同页数的纸张。最经济合理的纸张数是 32，虽然有时也可能是 16 或 8。

但在你开始掰弯我们这部小书的脊梁，看一看到底一部分被分成了几页前，我得告诉你，是甜蜜的 16 页。

◎ 盎司（ounce）

习惯用磅（pound）和盎司作为计量单位的人应该都知道 1 磅有 12 盎司。但不要着急，事情绝没有那么简单。

在古罗马时代，1 磅有 12 盎司，这流传至今成为我们所说的"特洛伊盎司（Troy ounce）"，它被用来测量金子、宝石等。

但其他所有东西都是用 Avoirdupois 磅（源于法语 avoir de pois，意为物品的重量）来计量，它的 1 磅等于 16 盎司。16 盎司的优势在于它可以被减半，减半，减半，再减半，直到得到 1 盎司。

我们的老朋友莱昂哈德·欧拉证明了 16 是唯一一个可以被写作底数和指数相互交换后结果仍然相等的数：$16=2^4=4^2$。

◎ 相对互质（relatively prime）

数字 5 和 6 被称为"相对互质"，因为它们没有一个公因数。

如果我们观察数字 4,5 和 6，我们发现 4 和 6 不是相对互质，因为它们有公因数 2，但 5 却和它们两个都是相对互质。因此这个连续整数数列中含有至少一个数（5），它和此数列中所有其他数都相对互质。

这儿有个超酷的事实。

任何 16 个或 16 个以下的连续整数数列一定包含至少一个数字，它和此数列中的所有其他数都相对互质。第一个不符合这个命题的 17 个数为从 2184 到 2200 的数列。

如果你进一步了解数字，你会发现，一个 18 个连续数字的数列中，没有一个数字和其他所有数字相对互质，而 19 个数的数列也一样。事实上，对任何一个你选定的 n，我们最终都可以找到一个 n 个连续数字的数列，其中没有一个数字和其他所有数字相对互质。这就是另一个质数隐藏的复杂性的例子。

◎ 方块圆

16 个圆可以排列成一个方块：

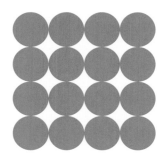

但它们也可以排列成一个方块的外围：

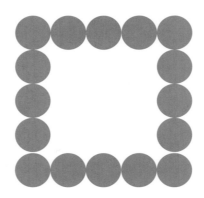

第一幅图展示的就是 $16=4\times4$ 或 4^2。

而第二幅图则展示给我们 5×5 的正方形，其中的 3×3 正方形被除去，而这使我们得到了它的外围面积，或者说是 $5^2-3^2=4^2$。

但这只适用于连续整数 $3,4,5$，对其余任何 3 个连续整数都不适用。

因此 16 是唯一一个符合上述条件的圆的个数。

17

◎ 循环循环循环……

$\frac{1}{2}$ 可以被写作小数 0.5。类似地，$\frac{1}{4}$ =0.25。但不是所有分数都可以被写作几位之后就终止的小数。比如，$\frac{1}{17}$ 就是一个循环小数。

$\frac{1}{17}$ =0.0588235294117647 0588235294117647 0588235294117647…

16 位的数串 0588235294117647，被称为 $\frac{1}{17}$ 的"循环节 (repetend)"。要了解更多关于这些美妙小数的奥秘,请见第 97 章。

◎ 惊人的数字 153

1+2+3+4+…+16+17=153，然而仅仅是这样并没有那么震撼。17 仅仅是为数字 153 做了介绍，而 153 是我最喜爱的三位数字之一。对于这样一个大家司空见惯的数字,153 其实拥有众多惊人的性质。

$153=1^3+5^3+3^3$，这使它成为"自恋(narcissistic)"的数 (见第 39 章)。

153=1!+2!+3!+4!+5!

153 所有数位上数字之和是一个完全平方数(1+5+3=9)，而 153 所有因数之和 , 不包括它本身，我们称之为 153 的"能整除部分(aliquot)"，也是一个完全平方数($1+3+9+17+51=81=9^2$)。

不仅是这样,153 还是一个哈士德数(Harshad number)(见第 84 章)，因为它能被 1+5+3=9 整除。

将 153 和它的倒序数相加，你会得到 153+351=504。而 $504^2=288×882$。因此,504 是 153 和它的倒序数之和,而它的平方又是另一个数及其倒序数之积。说到 153 和它的倒序数这个话题,我们可以看到

153=1+2+3+4+…+17,而 351=1+2+3+4+…+25+26。

最后,我想指出,153=3×51。

干得漂亮,153。

◎ **可解的数独游戏**（Sudoku）

数字谜题在 19 世纪后期出现在报纸上，它们自法国谜题创造者尝试在幻方中删除数字为发端，而直到 21 世纪，它才以"数独游戏"之称开始风靡。

我们的目的是要将 1—9 这些数字填入 3×3 的方格的每一行，每一列中 —— 每一行，每一列，每个方格中都不允许有重复。

在 2005 年，伯特曼·费尔根豪尔（Bertram Felgenhauer）和费瑞德·贾维斯（Frazer Jarvis）证明数独一共可得出 $9! \times 72^2 \times 2^7 \times 27\,704\,267\text{-}971 = 6670\,903\,752\,021\,072\,936\,960$ 种不同的有效排列方式，但大部分本质上都是其他排列的重复。2 种排列可能在翻折或旋转后成为同一种，抑或是在调换所有方格中 1 和 3，或者是调换一些行和列之后成为同一种方式。在排除所有重复之后，你将得到 5 472 730 538 种独特的结果。

右边的这个数独谜题只有 17 个"已知数（givens）"，很长一段时间人们都认为只给出 16 个已知数无法得到唯一有效解。

不管你相不相信，人们在给定 17 个已知数的数独游戏中发现一共有 50 000 种不同的解，而给定 16 个已知数可得数独解为 0。即使有很多证据支持这个命题，但都不能被算作是严谨的证明。

						1		
				2				3
			4					
					5			
4		1	6					
		7	1					
	5					2		
				8			4	
	3		9	1				

祝贺加里·麦奎尔（Gary McGuire）、巴斯琴·土吉曼（Bastian Tugemann）和吉尔斯·赛维瑞奥（Gilles Civario），因为他们在 2012 年证明了已知 16 个数的可解数独不存在。

◎ 奇怪的事实

$17^3=4913$，而 4+9+1+3=17。因此 17 是一个它的立方的所有数位上的数之和等于它本身的数。

📝**小测试：**除了简单解 0 和 1 以外，上述性质也适用于 1 个一位数字，2 个 1 开头的两位数，2 个 2 开头的两位数。你可以找出所有这 5 个数吗？确保它立方的各位数字之和等于它本身。

答案在本书最后。

◎ 21 点游戏（BlackJack）

在 21 点游戏中，庄家必须不断地抽牌，直至手中牌的点数总和不小于 17。

在一些赌场中规定，如果庄家的牌为"软 17（soft 17）"[①]，也就是包含了一个 Ace 的总点数为 17 的牌，那么他就必须继续抽牌。你最好在夸夸其谈之前仔细看看游戏规则！

诚然，有很多质数都是 3 个连续质数之和，例如：5+7+11=23，11+13+17=41；抑或是 5 个连续质数之和，例如：11+13+17+19+23=83，31+37+41+43+47=199；但却只有 1 个质数是 4 个连续质数之和。你猜到了吗？

答案就是 17=2+3+5+7。

并且 17 是最小的可以用两种不同的方式表示为一个平方数和一个立方数之和的数。

📝**小测试：**找出 17 被表示为一个平方数和一个立方数之和的两种方式。如果你觉得自己想挑战一下的话，就请找出将 17 表示为 a^2-b^3 的三种不同方式。

答案在本书最后。

---

①国际规则中规定 Ace 可作为 11 点或 1 点时称为"软牌"，只能当作 1 点时称为"硬牌"。

18

18 是第 6 个卢卡斯数（Lucas number）。卢卡斯数从 1 和 3 开始，接下来的数列遵循和斐波那契数列相同的规律，即相邻两数相加得到后面的一项。因此，1+3=4，3+4=7，由此得出卢卡斯数列：1，3，4，7，11，18…… 这并不是卢卡斯数列和斐波那契数列之间唯一的关联。如果你十分感兴趣的话，请写下 $L_1=1$，$L_2=3$，$L_3=4$…… 它们都属于卢卡斯数，然后写下 $F_1=1$，$F_2=1$，$F_3=2$…… 它们都属于斐波那契数，尝试检验以下规则：$L_n=F_{n-1}+F_{n+1}$，$L_n=F_{n+2}-F_{n-2}$ 和 $F_{2n}=L_n \times F_n$。

◎ 截顶四面体（truncated tetrahedron）

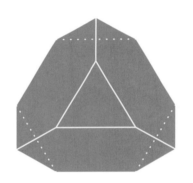

它有 8 个面，12 个顶点和 18 条棱。经验证，欧拉公式 $V+F-E=2$ 适用于这个阿基米德多面体。

◎ 高尔夫球课程

高尔夫球一共有 18 个球洞 —— 虽然我的很多朋友宣称他们最擅长的是第 19 个。

说到高尔夫和数字 19—— 它正是 91 的倒序数 —— 我的叔叔杰克在位于澳大利亚新南威尔士的中心海岸、他最钟爱的塔格拉湖（Tuggerah Lake）上进了一球 …… 你猜猜他那时几岁 ……91。

简直是个传奇。

◎ 摇摇欲坠的古老谜题

是时候给你看一看令很多人苦恼的著名数学谜题了，我第一次接触它时也被难倒了。

艾米、本、卡修斯、迪丽娅四人需要在深夜走过架在两个山头上的一座摇摇欲坠的古老木桥。别问为什么，这不重要。他们只有一个光线很弱的手电筒，因而只能有两个人同时过桥。而且，当两个人过桥的时候，他们必须以速度较慢的那个人的速度行进，以保证他们都能看到路。最后我要指出，在正好 18 分钟之后，桥会崩塌（再一次，请"不要问为什么，这不重要"）。

艾米过桥需 1 分钟，本需 2 分钟，卡修斯需 5 分钟，而迪丽娅则需 10 分钟。

如果艾米和迪丽娅一起过桥，将花去 10 分钟，然后艾米带着手电筒花 1 分钟时间返回。

然后如果艾米和卡修斯一起过桥，之后艾米回来，这将花去 5 分钟加 1 分钟。然后艾米和本用 2 分钟时间过桥。

因此，总共需要 10+1+5+1+2=19 分钟时间。这大概是大多数人所能想到的最快方式，也是我第一次接触这道谜题时给出的解答。

但事实上，他们可以走得更快。不是 19 分钟，也不是 18 分钟，而是少于 18 分钟。

小测试： 找出使艾米，本，卡修斯，迪丽娅在 18 分钟之内安全通过木桥的组合方式。

[提示] 没有让三个人一起过桥的"魔术"或者什么其他捷径。如果你能找到正确的人的排列组合，这的确可以在 18 分钟之内完成。这是实话！

答案在本书最后。

◎ 孔明棋（Peg Solitaire）

孔明棋这个游戏（也被称为 Hi-Q）在早些时候十分流行（当人们说"早些时候"时，基本上指的就是还没有出现互联网、手机、Facebook，以及任何使 40 岁以上的人感到惧怕的事物之前）。

要玩最简单的孔明棋，你可以从 32 个桩（peg）和一个空余的孔洞开始，如下图所示。

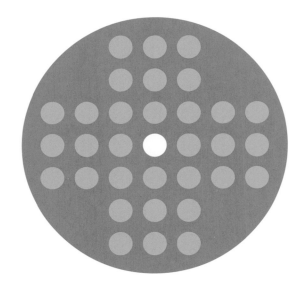

你将一个桩中的棋子越过任何一个相邻的棋子，跳到一个孔洞中（相邻的意思是沿水平或垂直方向，而不是沿对角线方向），然后去除你越过的那颗棋。如果一颗棋子一次性跳了好几次，这被认为是一步。

这个游戏的宗旨就是最终在最正中留下一个棋子。

在 1912 年，英国作家恩列斯特·布荷特（Ernest Bergholt）发现了一个 18 步的策略，被证明是所需步骤最少的一种方法。

在网上搜关键词"孔明棋"或者"恩列斯特·布荷特"会给你提供上述策略，以及多得超出你想象的关于这个精彩游戏的信息。

◎ 围棋（Go）!

中国棋盘游戏 —— 围棋，也被称为 Go（英文）、Igo（日语），或者 Baduk（韩语），被认为是所有棋盘游戏中策略最复杂的游戏之一，特别是在得知它的规则是如此简单之后。

简单地说，你必须设法包围你对手的棋子，然后将他的棋子吃入，并占领所吃地盘。胜者就是在游戏最后占领多数底盘的一方。

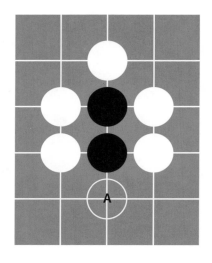 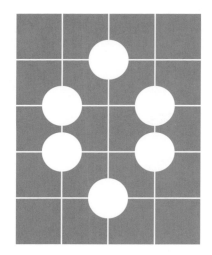

举个例子，如果白棋在位置 A 上落子（见上图），他就将两个黑子吃入了。

围棋棋盘是 19×19 条线的方格棋盘，棋子放置于线条的相交处。这样一个规则简单的游戏，需要惊人的策略。国际象棋有 10^{120} 种不同的棋盘形式，而围棋有大约 10^{170} 种。虽然它们都是让人瞠目结舌的巨大数字，但我们仍然要说围棋可出现的棋盘排列是国际象棋的

100 000 000 000 000 000 000 000 000 000 000 000 000 000 000-000 000 倍!

起先，棋盘上的线条数为 17×17。专家认为虽然 21×21 的棋盘也可以用，但它所要求的战术策略复杂到几乎没有几个玩家有能力参加比赛。在著名的书籍《围棋》(*The Game of Go*) 中，亚瑟·史密斯 (Arthur Smith) 这样写道："如果多于 21 条网格线被使用 …… 所产生的排列将超过人类大脑可承载的能力范围。"

◎ 贝里悖论 (Berry's paradox)

到了了解悖论的时间啦，深吸一口气吧。

数字 11 可以写作 "e-lev-en" 或者是 "six plus five"，它们都是由 3 个音节组成的。但我们无法用 2 个音节来描述或命名 11。

如果你思考一下数字 1 到 10，你会发现 11 是第一个无法用少于 3 个音节命名的数字。

顺着这个逻辑，我们推断一定有一个大于 11 的数字，它是无法用少于 4 个音节表示的最小整数；还有一个数字，对应的是无法用少于 5 个音节表示的最小整数，以此类推。

英国哲学家伯特兰·罗素 (Bertrand Russell) 曾经提出疑问："是否存在无法用少于 19 个音节表示的最小整数？"(The least integer not nameable in fewer than 19 syllables.)

他为什么选择 19 呢？因为这个命题一共有 18 个音节。因此任何一个不能用少于 19 个音节描述的最小整数其实都可以用罗素的这个短句描述。这个数字同时可以、也不可以用这种方式来描述 ……

我得马上躺下歇歇。

罗素小时候的样子，来自他阿姨阿加莎 (Agatha) 的相册。来源：公共领域。

◎ F_{19} 不是质数

数学家时常观察到规律，然后开始感到兴奋："我可能要发现很重要的东西了！"他们幻想着自己的名字与爱因斯坦和毕达哥拉斯放在一起。然而，通常的情况是，当他们发现自己的发现并没有想象中那样惊人的时候，他们被现实"砰"的一声击回原地。

我还可以清楚地回忆起，当我完成以费马定理（*Fermat's Theorem*）为主题的大学荣誉论文时，我"发现"了这个：

我们都知道 $3^2+4^2=5^2$。

然后我发现事实上 $3^3+4^3+5^3=6^3$（27+64+125=216）。

"我们开始喽！"我暗自高兴，"我巧遇了整数世界中一个令人无法置信的隐藏规律，我将要……"我甚至还没有想到"出名"这个词，就发现了这个被我"发现"的规律仅仅需要再往下推一步就是错误的。

诚然 $3^2+4^2=5^2$，且 $3^3+4^3+5^3=6^3$，但 $3^4+4^4+5^4+6^4=2258$，而 $7^4=2401$。一丁点儿也不相近。

事实证明我是跌入这个圈套的成千上万人之一。

再举个例子，我们已经接触过斐波那契数列（见第 3，8，13 章）。将第 n 个斐波那契数写作 F_n，然后看看斐波那契数列中所有质数项的数字——除了 $F_2=1$。你会发现：$F_3=2$，$F_4=3$，$F_5=5$，$F_6=8$，$F_7=13$，$F_8=21$，$F_9=34$，$F_{10}=55$，$F_{11}=89\cdots$

我们开始啦……只有我一人发现了吗，是不是除了 F_2，所有的 $F_{质数}$ 都是质数？$F_{13}=233$（我将成为《时代》杂志的封面人物……），$F_{17}=1597$（一颗行星将以我的名字命名……）

　　◈ 小测试： 找到第 19 个斐波那契数字，然后证明它不是质数。

答案在本书最后。

20

◎ 20/20

在美国，20/20 的视力是正常视力的标准说法。拥有 20/20 的视力说明你可以看清 20 英尺远的东西。而这就是为什么在其他地方这被称为 6/6 的视力的原因（20 英尺等于 6 米）。

记录在案的人类最佳视力是 20/8 左右，虽然 20/10 已经是十分不错的了。人们认为鹰和其他捕食型鸟类可能有像 20/2 这样好的视力。

几乎所有人在某一个时刻都看过史奈尔视力测试表（Snellen chart），但我敢打赌你不知道它为什么这样排列。史奈尔测试表是一个标准的视力表，它最上面的字母最大，接着越往下字母越小。它用来检测你是否拥有 20/20 的视力。

这就是一个典型的史奈尔测试表，我想让你长时间、认真地观察它……

这

本 书

简 直 是 太

棒 了 我 应 该

让 我 的 所 有 朋 友

购 买 它

古代中美洲的玛雅人（Mayans）将 20 作为数字系统的基础，他们的日历一年有 13 个月，每个月 20 天。

◎ 上帝之数（God's number）

史上最畅销也是最酷的玩具之——定是魔方。6 个面、6 种颜色，超过 43 000 000 000 000 000 000 种不同排列形式，有着那么多美妙的谜团，仿佛是艺术品……

但这 43 000 000 000 000 000 000 种形式中的每一种都是可解的。因此，如果你列下魔方所有可能的排列方式，在它旁边写下完成魔方所需的步数，你就可以观察这列数，然后得出"完成任何一个魔方排列形式所需最多的步数"。

很显然，写下这个数列是个大问题。如果你把图画出来，然后写下它所需的步数，这整个过程只需 1 秒的话，这所有数列也需要 81 000 000 000 000 000 000 年 —— 这大概会使整个过程慢一点儿吧。

然而不管怎样，这个数字仍然被很多数学家称为"上帝之数" —— 这是一个笑话，意思是如果上帝真的存在，他或她一定能以最少的步数完成魔方。

2011 年，美国魔方玩家托马斯·洛克奇（Tomas Rokicki）和他的同伴证明了任何排列形式的魔方都可以在 20 步之内被解决。上帝之数是 20。他们先将 43 252 003 274 489 856 000 种不同可能减缩到 55 882 296 种"典型的"情形，然后一个一个解出它们。这花去了谷歌实验室中那些好心人的空闲电脑 35CPU 年（译者注：CPU 年是指 CPU 全速完成该进程所花费的时间）。

真是一项公益事业，如果你要问我的意见。

◎ 二十面体（icosahedron）

一个标准的二十面体有 20 个面，每一个都是正三角形（即三条边都相等的三角形）。它是希腊哲学家柏拉图（Plato）早在公元前 350 年就熟知的 5 个柏拉图多面体（Platonic solid）（译者注：或称之为正多面体）之一。我们知晓这个是因为他在小巧美妙的《蒂迈欧篇》（*Timaeus*）这本他匆忙完成的书中提到了它们。

虽然对当时的几何学已经有非常深入广泛的了解，但柏拉图仍然认为最小的水颗粒是以二十面体的形式存在的（他认为水是基础元素之一，且是宇宙所有物质的基础）。在这一点上，柏拉图被证明，嗯，我们应该怎样措辞，"不那么正确"，但，嘿，对我们这些生活在现代社会能接触到超酷的电子显微镜的人来说，评判是多么容易。

拥有 20 个面，二十面体是所有正多面体中面数最多的。

你也许想要检验一下欧拉公式对这些"坏家伙"多面体是否适用（见第 30 章）。当然了，也许你不想，反正是你的损失啦。

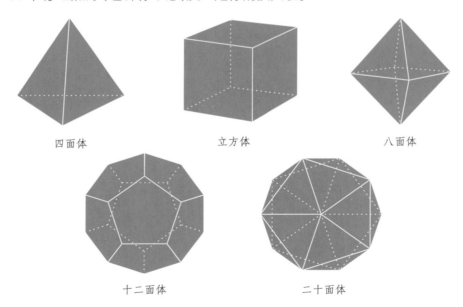

四面体　　　　　　　立方体　　　　　　　八面体

十二面体　　　　　　　二十面体

21

◦ 21 个正方形

你可以十分容易地将一个正方形分成大小相等的 4 个较小的正方形。但如果这些正方形必须是不同大小的，那么就需要 21 个正方形，且这是唯一的划分方式。它是由荷兰计算机科学家、数学家 A. J. W. 杜伊杰斯廷（A. J. W. Duijvestijn）在 1978 年发现的。

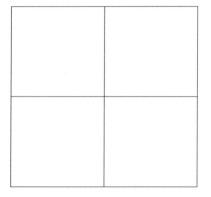

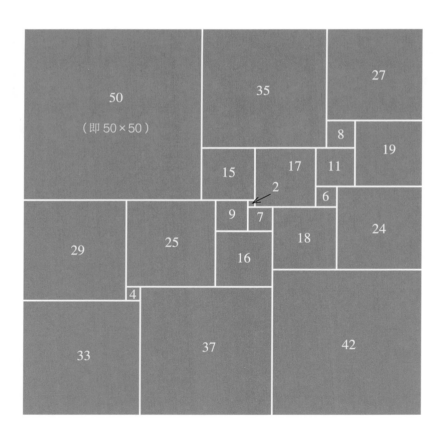

虽然有些疯狂的草地滚球手(lawn bowler)喜欢将分数加多一点,但根据草地滚球运动的规定,在个人赛中,首先积得 21 分的为胜者。

但在 2001 年,在使此游戏更现代化的过程中,国际乒乓球联盟(the International Table Tennis Federation)将比分从原先的 21 分修改到 11 分,每个发球 5 分修改为每个发球 2 分。

◎ 三角形数 (triangular number)

21 是第 6 个三角形数,因此它是标准骰子上所有数字之和。

三角形数是由以下直角三角形图案中点的个数得到的。

它们是由 1+2+3+4+5+… 得到的。一些三角形数也是平方数(例如 36)。但是,除了简单解 T_1 以外,没有一个三角形数是某数的立方、4 次幂或者 5 次幂。要找到第 n 个三角形数,或称为 T_n,我们用这个公式:

$$T_n = \frac{1}{2} \times n(n+1)$$

$$所以:T_6 = \frac{1}{2} \times 6(6+1)$$
$$= \frac{1}{2} \times 6 \times 7$$
$$= 21$$

非洲象
有 **21** 对肋骨。

22

数字 8 有 22 种分拆方式（见第 4 章）—— 任由你意地去找到它们吧。

◎ π 的计算

大概所有数字中最广为人知的就是 π —— 又写作 pi—— 圆周长和直径的比值。更实际一点儿说，如果一个圆的直径为 1 米，那么它的周长就是 π 米。

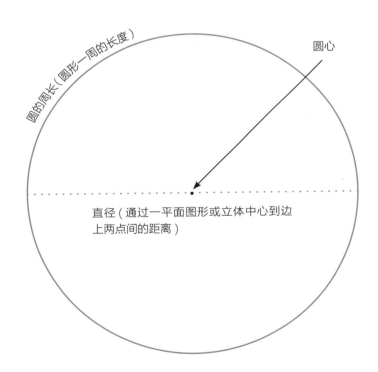

圆的周长（圆形一周的长度）

圆心

直径（通过一平面图形或立体中心到边上两点间的距离）

但 π 是一个无理数，因此我们无法用分数或准确小数来表示它。我们最多能做的就是求它的近似值。作为一个小数，π 大约等于 3.14159。这里 22 就可以派上用场啦：最常用的 π 的近似值的分数形式是 $\pi = \dfrac{22}{7}$。所以如果一个圆直径为 7 厘米，它的周长就是 22 厘米。

◎ 更多可口的 π 食谱

$\frac{22}{7}$是一个好用的 π 的近似值，但它并不等于 π。所以我们认为还有比它更接近 π 的数，这是合乎情理的。经研究，我们发现可以将 π 近似为$\frac{333}{106}$或者 $\frac{355}{113}$，如果你真的想让别人大吃一惊的话，尝试一下 $\frac{52163}{16604}$ 或者 $\frac{103993}{33102}$，它们的精确度高达 99.99999998%。

分数并不是我们表示 π 的唯一方式。我们可以用所有可能的数学形式，它们或美妙，或可怕，这取决于你观察的角度：

$$\pi \approx \sqrt{7+\sqrt{6+\sqrt{5}}}$$

这样将精确到 π 小数点后 3 位小数，或者：

$$\pi \approx \frac{99^2}{2206\sqrt{2}}$$

这将精确到小数点后 7 位小数。

并且，π 也可以被写作无限数列（见第 1 章），特别如以下几例：

$$\frac{\pi}{4} = \sum_{k=0}^{\infty} \frac{(-1)^k}{2k+1} = 1 - \frac{1}{3} + \frac{1}{5} - \frac{1}{7} \cdots$$

$$\frac{\pi^2}{6} = \sum_{k=1}^{\infty} \frac{1}{k^2} = \frac{1}{1^2} + \frac{1}{2^2} + \frac{1}{3^2} + \cdots = \frac{1}{1} + \frac{1}{4} + \frac{1}{9} + \cdots$$

这里十分古怪的 $\sum$ 符号（读作 sigma）是用来表示一系列数字之和的数学符号。哇，有好多 π 啊。抱歉，它们是无法拒绝的。

◎ 整个 22 码（yard）

一个板球场有 22 码长 —— 但当澳大利亚快速递球手（fast bowler）"恶魔"弗雷德·斯波福斯（Fred Spofforth）一鼓作气时，人们感觉场地小了很多。在 1882 年的英国 Oval 运动场中，斯波福斯简直是赤手空拳一人将本已胜券在握的东道主队打败了。英国队在前 12 回合输了 6 个球，而斯波福斯则在比赛中赢了 14 个球。为了纪念英国板球队的失败，板球球门被烧，并将灰烬放了骨灰盒中，而体育运动中最强劲的对手，The Ashes（译者注：即灰烬，调侃这次澳大利亚第一次在英国打败了英国板球队）就此诞生了。

◎ 五边形数（pentagonal number）

还记得三角形数（见第 15 章）吗？嗯，在三角形数和正方形数之后，就是五边形数啦，它的名称源于 5 条边的图形 —— 五边形（pentagon）。道理很简单：我们通过在外围加上新的五边形来扩大图形。五边形数就是每个图形中点的总数。

下面的几个图案向我们展示了前 4 个五边形数。

23

◎ 生日问题

如果房间里至少有 23 个人，那么其中 2 个人生日在同一天的概率大于 50%。如果少于 23 个人，没有人在同一天出生的概率更大。作为这个问题的分水岭，数字 23 惊人得小。多数听了我这个问题的人都猜想可能需要 80 甚至 100 个人，但不是，仅仅是 23。

事实上，如果是 40 个人以上，有人在同一天生日的概率大于 90%，而在 50 人的情况下，概率高达 97%。

我来给你展示在这个同一天生日问题中，数字 23 是分水岭的奥秘。实际上，就像解决多数概率问题通常用的最简单的方法一样，我们在这里也计算命题反面的概率。

先锁定一个人，他的生日在某一天 —— 假定为 1 月 1 日。然后考虑第二个人，第二个人的生日与第一个人的不重复的概率是 $\frac{364}{365}$。

1 月 1 日   1 月 29 日

因为一年有 365 天，而这其中 364 天不是 1 月 1 日。

让我们假定第二个人的生日是 1 月 29 日（这其实也是我的生日 —— 但你们就不用送我礼物啦）。

当这两个人在一起谈论生日不在同一天的种种时，第三个人出现了。

他们的生日在不同的日期的概率是 $\frac{363}{365}$，因为在一年的 365 天中有 363 天不是 1 月 1 日和 1 月 29 日。

因此，在 3 个人中，第二个人的生日与第一个人不同，且第三个人的生日和其他两个人不同的概率是：

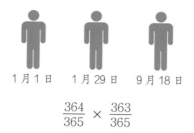

1 月 1 日　　1 月 29 日　　9 月 18 日

$$\frac{364}{365} \times \frac{363}{365}$$

对于 4 个人，我们使用相同的逻辑，他们生日在不同日期的概率为：

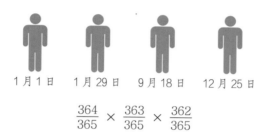

1 月 1 日　　1 月 29 日　　9 月 18 日　　12 月 25 日

$$\frac{364}{365} \times \frac{363}{365} \times \frac{362}{365}$$

这些都是没有共同生日的概率。你看出规律了吗？

对于有更多人数的情况计算概率，我们继续将各项相乘，直至结束。因此如果我们有 23 个人，其中没有任何人同一天生日的概率为：

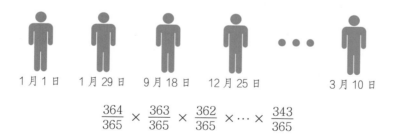

1 月 1 日　　1 月 29 日　　9 月 18 日　　12 月 25 日　　　　　3 月 10 日

$$\frac{364}{365} \times \frac{363}{365} \times \frac{362}{365} \times \cdots \times \frac{343}{365}$$

结果大约为 0.49。因此有两人同一天生日的概率是 51%！

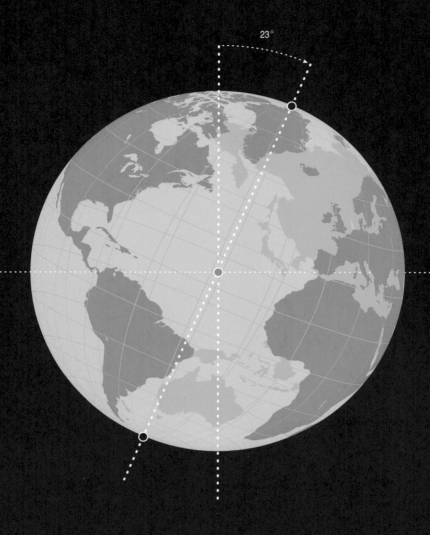

23°

　　地球绕太阳运行的同时，也绕地轴（一条穿越地心、连接地球
南北极的假想轴）自转。但地轴实际上有 23 度的倾斜，这也就是地
球有四季的原因。如果没有倾斜，那么地球南北半球一年中最热和
最冷的时间将会是一样的。

24

因为 24=4×3×2×1,所以我们将它称为 4 的"阶乘(factorial)"或 4!。阶乘出现在数学的很多领域,尤其是概率和计数问题中。假设有 3 本不同的书,我把它们放成一叠。摆放在最下层的书有 3 种可能性,中间的有 2 种可能性,最上面留下 1 种可能性。因此总共有 3×2×1=3!=6 种叠放的方式。遵循这个逻辑,4 本书可以用 4×3×2×1=24 种方式叠放。

◦ 24 个正方形

最小的 24 个数的平方和本身就是一个完全平方数。哈?

这意思就是 $1^2+2^2+3^2+\cdots+24^2=1+4+9+16+\cdots+576=4900=70^2$。

除了 0 和 1 之外,24 是唯一让以上命题成立的数字。

我要为提醒我这个知识点的超棒的澳大利亚数学天才儿童麦克斯·麦泽斯(Max Menzies)叫好。

◦ 24 点

在西洋双陆棋(backgammon)棋盘上有 24 个点。每个玩家从 15 个棋子起始,必须尝试赶在对手之前从棋盘上除去这些棋子。

西洋双陆棋被全世界的爱好者极富热情地追捧着 —— 超酷的棋盘术语包括了 "lover's leap (开局掷骰为 6 或 5)" "anti-joker (在给定情形下很糟糕的掷骰数)",还有 "Barabino (掷骰为 5 或 4,用于稳住对手的 5 点)"。哈?

◎ 一个小小的小斜方截半立方体

（rhombicuboctahedron）

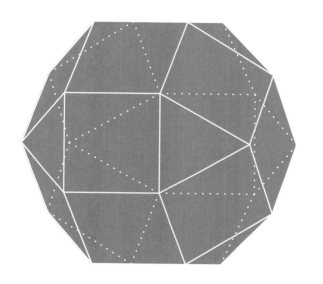

它有 26 个面、24 个顶点以及 48 条棱！经验证，欧拉公式 $V+F-E=2$ 适用于此阿基米德多面体。

如果你感兴趣的话，在网上快速搜索会找到制作这个阿基米德多面体的图案。如果你心灵手巧的话，这将是很不错的活动。下面就是能让你制作一个会滚动的小斜方截半立方体的图案。这会是极客派对极美妙的桌面摆设。

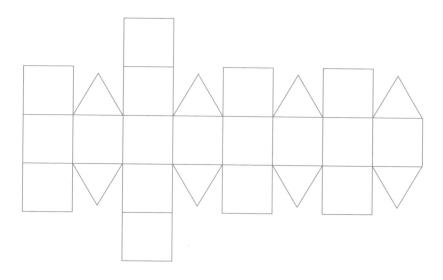

◎ 第四维空间

我们生活在三维（3D）空间里。因此，我们可以很容易想象三维、二维或一维事物。举个例子，我们可以想象一个盒子，它有宽度、长度和高度。我们也可以想象一张纸，它没有厚度，因此是二维的。我们可以观察一根很细的电线，它只有一个方向，没有高度和厚度，所以我们可以在脑海中想象这条"极致的细"的线段。

但一旦想要在大脑中想象四维（4D）图形，如果我们感到十分吃力，是可以被原谅的。

就像我们用 4 条线段拼成一个 2D 的正方形，用 6 个 2D 正方形组成一个 3D 立方体一样，在 4D 中，我们可以用 3D 立方体组装成下一个形状，我们将它称为"超立方体"（tesseract）或"四维超正方体（4D hypercube）"。

虽然我们的图无法帮助你在便利店找出超立方体，但它可以让你更容易数出超立方体的棱、角和面。

我们可以这样想象：一个 3D 立方体的 6 个面各伸出 1 个 3D 立方体，形成 24 个面、32 条棱以及 16 个角或顶点。

注意，欧拉公式 $V+F-E=2$ 对 4D 图形不适用。

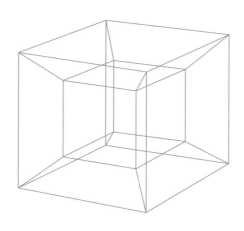

25

◎ 幸运数（lucky number）

25 是一个"幸运数"。不，我在这里不是想谈论什么怪诞的数字占星术或者芳香治疗术之类的事儿。想找到幸运数，要写下一长串数列，比如从 1 到 100：

1 2 3 4 5 6 7 8 9 10 11 12 13 14 15 16 17 18 19 20 21 22 23 24 25 26 27 28 29 30 31 32 33 34 35 36 37 38 39 40 …

看数字 2，数列中的第二个数，删掉它，以及它后面每一个第二个数。这个数列就变成了：

1 3 5 7 9 11 13 15 17 19 21 23 25 27 29 31 33 35 37 39 41 43 45 47 49 51 53 55 57 59 61 …

数列下一个数是 3，所以现在请删掉所有第三个数。这些数应该是 5,11,17 等。现在这个数列变为：

1 3 7 9 13 15 19 21 25 27 31 33 37 39 43 45 49 51 55 57 61 …

然后删掉所有第七个数，我们得到：

1 3 7 9 13 15 21 25 27 31 33 37 43 45 49 51 55 57 …

从剩余的数列中删掉所有第九个数。继续这样做，或者说是用这个"滤网（sieve）"一直滤下去，就像数学家所说，永远继续下去，你会得到幸运数。

◎ **小测试：** 找出所有 100 以内的幸运数。

答案在本书最后。

◦ 5 个皇后问题

在第 12 章我们已经接触到了国际象棋中强大的棋子 —— 皇后，它可以沿着任意一行、列、对角线攻击其他棋子。我们也了解了 8 个皇后如何分布在 8×8 的棋盘上，以保证没有一个皇后能攻击其余的皇后。

如果我们是在一个 5×5 的棋盘上下棋，那么我们可以将 5 个皇后按下面的位置"安全"地分布：

◦ **小测试：**另外仅有一种方式可以将 5 个皇后安全地放在 5×5 的棋盘上，且不是通过旋转或翻折产生的。你能找到它吗？答案在本书最后。

twenty-five(25) 是爱尔兰的国家棋牌游戏，它和 "奥伯尔（Ombre）" 游戏有关，后者是经典的西班牙棋牌游戏。加拿大游戏 forty-fives（45）就源于 "twenty-five"，它早在詹姆士一世时代被称为 "Maw"，也被叫作 "spoil five"。我曾看到过它被描述为一个需要 "一点儿运气和一定的技巧" 的游戏。听上去像我喜爱的那类。

当你将 25 平方时，你会得到 25×25=625，因为它的平方数最后两位和原数一样，我们称 25 为 "自守（automorphic）" 的。喜欢这个吗？嘿，可爱吧？现在，如果你算出 24^3=13 824，你会明白为什么我们把 24 称为 "三型自守（trimorphic）"。

◎ 完全平方数

25 还是一个完全平方数：5^2=25。现在我给你展示，任何 4 个连续整数之积 +1 都等于一个平方数。例如：

$1×2×3×4+1=25=5^2$

或者

$11×12×13×14+1=24\ 025=155^2$

对于你们中熟悉代数乘法的人来说，证明这个规律也没那么复杂：

$n(n+1)(n+2)(n+3)+1$

这就是 4 个连续整数之积加 1，展开来得到：

$n^4+6n^3+11n^2+6n+1$

而它刚好是 $(n^2+3n+1)^2$ 的展开式。

26

州（canton）

瑞士被分为 26 个"州"，包括拥有美丽名字的上瓦尔登州（Obwalden），瓦莱州（Valais）和沙夫豪森州（Schaffhausen）。

马拉松贴士

一旦完成了你第一个马拉松的前 26 英里（约 41.8 千米），就只剩下你将可能经历的最艰难也最美丽的 385 码（约 352 米）路。

$5^2=25$ 且 $3^3=27$

感谢欧拉（除了他还会有谁呢）以及其他几个人，我们才得以知道 26 是唯一一个卡在一个平方数和一个立方数之间的数。

◎ 玻色弦理论（Bosonic string theory）

绝大多数人都将我们的世界看成是三维（3D）的。

1905 年，爱因斯坦使我们相信，时间是我们的世界和整个宇宙的第四个维度。他向我们展示时间和三维空间是紧密关联着的。

但在 20 世纪 60 年代，我们迎来了"弦理论（string theory）"的萌生，它认为存在超过三维的空间，只是多出来的维度是如此微小，以至于我们无法在寻常生活中感知到它们。

为了帮助我们理解这个概念，人们有时用花园软管做比喻。它细长得好像是个一维的物体，但如果我们靠得足够近，会发现它也可以向其他维度运动，例如盘成螺旋状。类似地，其他空间维度也可能十分紧密地"缠绕在一起"，不容易被观察到。

弦理论最初的版本被称为"玻色弦理论"，它认为宇宙是由 26 维时空组成的。

◎ 点亮房间的谜题

想象右边这个图形是一个布满镜子的房间。如果你站在房间的一角，手持一根点亮的蜡烛，光线会在墙上反射，然后到达房子的另一头。实际上，不论你站在哪里，光都会经过反射到达你的眼中。

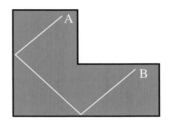

在 20 世纪 50 年代，颇具才华的德裔美籍数学家厄恩斯特·施特劳斯（Ernst Strauss）提出一个疑问：是否存在一间拥有许多角落、墙壁以及奇怪的死角的房间，当你在某处点上一根蜡烛时，房间的另一端无法被点亮？事实证明真的有这样一个房间。1995 年，加拿大数学家乔治·托卡斯基（George Tokarsky）设计了这样一个有 26 条边的"怪物"：

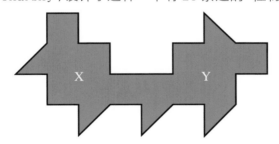

如果你在 X 处点上一根蜡烛，位于 Y 处的那个人始终处于黑暗。

从那以后，一个 24 边形的房间也被发现了，但没有人会质疑是乔治·托卡斯基发现了第一个"无法被点亮的直墙房间（unilluminable straight-walled room）"。

现代罗马语（Roman）（或英语）字母表中一共有 26 个字母。早先只有 25 个，直至 14 世纪加入了字母"J"。从 1917 年起，挪威语（丹麦语则从 1950 年开始）字母表中有 29 个字母 —— 26 个英文字母加上 3 个其他字母。俄国西里尔语（Cyrillic）字母表有 33 个字母，而阿拉伯语（Arabic）有 28 个。

◎ 回文

26 是最小的本身不是回文数（palindromic number）（从前向后读、从后向前读都相同的数），但它的平方（676）是回文数的数。

说到回文数这个话题，丹尼卡·麦克凯勒尔（Danica McKellar）在《纯真年代》（*The Wonder Years*）中饰演薇妮·库珀（Winnie Cooper），现在是数学教育大师，也是回文数爱好者，她曾说过："当你问一个数学家是否需要一块蛋糕时，她怎么回答？"

"我更爱 pi。"（译者注：pi 即圆周率，也是英文 pie 的谐音，即馅饼）

令人惊叹的是，美国喜剧演员迪米特利·马丁（Demetri Martin）曾为做一个分形几何课课题而写过一篇 224 个单词的回文诗。但这也比不上戴维·斯蒂芬（David Stephen）在 1980 年创作的回文小说《讽刺文学：真理》（*Satire：Veritas*），它一共有 58 795 个字母。不知道这好不好，但我知道，你可以将它从后到前一口气读完。

好啦，现在你可能在思考，我们日常生活中使用的最长回文单词是什么？嗯，我很高兴你这样问。根据吉尼斯世界纪录，应该是 saippuakivikauppias。它在芬兰语中被称为"皂石小贩"。

我是稀奇古怪的回文的爱好者。这儿有几个例子：

· Roy, am I mayor?

· A man, a plan, a canal — Panama!

· Satan oscillate my metallic sonatas.

· Straw? No, too stupid a fad. I put soot on warts.

· No misses ordered roses, Simon.

· Dennis and Edna sinned.

· Pusillanimity obsesses boy Tim in *All Is Up*.

27

这是某人发给我的邮件的内容，我无法找到它的出处，但它非常酷：

$$\frac{27^4+2^4+4^4+21^4}{28^4+1^4+9^4+18^4} \quad = \quad \frac{27^2+2^2+4^2+21^2}{28^2+1^2+9^2+18^2}$$

$$= \quad \frac{27\times2\times4\times21}{28\times1\times9\times18}$$

你可以试着验证一下这个性质对以下几组数都适用：

$(2,45,48,91)$，$(7,9,78,80)$以及$(3,35,54,92)$，$(4,23,63,90)$。

◎ 凯莱六次线 (Cayley's sextic)

这个图象有多酷？它名叫"凯莱六次线"。凯莱是 19 世纪英国杰出的数学家。而六次线 …… 根本没它听上去那么激动人心 —— 它的意思只是"6次幂"。

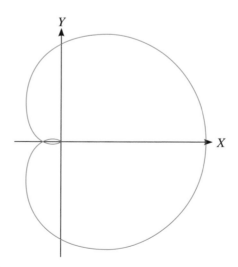

凯莱六次线的等式是 $4\left(x^2+y^2-ax\right)^3=27a^2(x^2+y^2)^2$。

如果你展开所有的括号，你将得到最高次幂 $4x^6$，因此它得名为六次线。

我已经向你们介绍过瑞士数学巨匠莱昂哈德·欧拉（到现在他的名字你一定不陌生吧！）。但是，嘿，他也有搞错的时候。

思考这个：

初中学的直角三角形给了我们如下等式：$3^2+4^2=5^2, 7^2+24^2=25^2$ 等。$3^3+4^3+5^3=6^3$ 也是正确的。

但我们没法将 2 个数的立方加起来等于另一个数的立方。或者，更正式一点说，没有整数满足 $a^3+b^3=c^3$（详见第 67 章）。

欧拉观察到所有这些，并猜想 $a^4+b^4+c^4=d^4$ 以及 $a^5+b^5+c^5+d^5=e^5$ 等也没有解，或者，用数学语言来描述，即"你不能将一个数的 n 次幂表示为少于 n 个数的 n 次幂之和"。嘿，听起来挺有趣的！

但在 1966 年，两个数学家 —— 莱昂·兰德（Leon Lander）和托马斯·帕金（Thomas Parkin）发现 $27^5+84^5+110^5+133^5=144^5\cdots$ 由此他们彻底颠覆了欧拉的那么酷的猜想。这就是事物发展的规律，大人物。甚至对我们中最优秀的那些人，也一样……

雅各布·伊曼纽尔·汉德曼（Jakob Emanuel Handmann）在 1756 年所画的莱昂哈德·欧拉肖像。来源：公共领域

◎ 雹石问题 (Hailstone problem)

有时，在数学中，一个简单的问题后面隐藏着极其复杂的知识。让我们来玩一个很容易的游戏吧。

选择一个数，如果它是偶数则除以 2，如果它是奇数则乘以 3 加 1。当你得到答案后，重复使用以上命令 —— 如果是偶数则减半，如果是奇数则乘以 3 加 1。

或者，如果你喜欢复杂的数学符号，就使用这个函数吧：

$$f(n) = \begin{cases} \dfrac{n}{2} & \text{如果 } n \text{ 为偶数} \\ 3n+1 & \text{如果 } n \text{ 为奇数} \end{cases}$$

例如：6–3–10–5–16（16=3×5+1）–8–4–2–1 或者 20–10–5–16–8–4–2–1。更疯狂一点的话：453–1360–680–340–170–85–256–128–64–32–16–8–4–2–1。

你看出规律来了吗？

我们认为，虽然没有证明，但每一个数字最终都会减少到 1 —— 不论你从哪个数开始，最后都不会增大到无限大，而是回归为 1。

这个问题被称为雹石问题（Hailstone problem）、科拉茨推理（Collatz conjecture）或者是锡拉库扎算法（Syracuse algorithm），它由德国数学家洛塔尔·科拉茨（Lothar Collatz）在 1937 年首先发现。

我们一直检验到 5 764 000 000 000 000 000，发现这个规律一直适用，但还没有得出适用于所有数的证明。如果发现有一个数无法回归到 1，我觉得绝大多数人都会大吃一惊，但数学家仍会拒绝承认它的准确性，除非我们拿出对所有数都适用的证明。

一个关于雹石问题极其可爱的特征是即使两个数彼此十分相近，它们的变化过程也可能完全不同。

  ◉ **小测试：**尝试使用雹石定律。先尝试 26，然后尝试 28。证明数字 26 需要 10 步就能减少到 1，而 28 则需要 18 步。然后试试 27，你可以成功地经过 111 步得到 1 吗？你可以选择用一个计算器，甚至写一个电脑程序来解决这个问题。

答案在本书最后。

28

◎ 另一个完美数

28 是继数字 6 之后第二个完美数（如果你忘记完美数是什么了，可以回到第 6 章查看），它也是第 7 个三角形数（查看第 21 章，如果你也忘记了这个的话）。下面是关于完美数的几个超酷的性质：

（1）所有完美数都是三角形数。例：6=1+2+3, 28=1+2+3+4+5+6+7, 下一个完美数 496=1+2+3+⋯+29+30+31，以此类推。

（2）我们将会在第 31 章更深入了解"梅森素数（Mersenne prime）"，但就目前来说，这些质数和完美数是相关联的。每当我们拥有一个梅森素数 —— 即对于质数 p, 2^p-1 也是质数的时候 —— 我们都可以创造一个完美数：

$$2^{p-1} \times (2^p-1)$$

因此，当 p=2 时，2^2-1=3 是一个梅森素数，且 $2^1 \times (2^2-1)$=2×3=6 是一个完美数。

当 p=3 时，2^3-1=7 是一个梅森素数，且 $2^2 \times (2^3-1)$=4×7=28 又是一个完美数。

p=5 时，产生了梅森素数 31 和完美数 496；而 p=7 时，我们得到分别为梅森素数 127 和完美数 8128。你也许想在一张纸上证明 496 和 8128 是完美数。

事实证明，每一个偶数完美数都和一个梅森素数以上述方式相关联。你永远猜不到是谁证明了这个 …… 好吧，是的，就是莱昂哈德·欧拉！

（3）我们发现的所有完美数都是偶数。我们不知道是否存在奇数完美数，但如果存在的话，它也是比 1 后面拥有 1500 个 0 还要大的数了。就个人而言，如果人们发现了一个奇数完美数，我会感到很惊讶 —— 但我曾经也猜错好多事情。

（4）最后一个关于完美数的美妙性质是除了数字 6，所有偶数完美数都是一系列奇数的立方之和，如：

$28=1^3+3^3$

$496=1^3+3^3+5^3+7^3$

小测试: 将 8128 写成连续奇数立方之和。

答案在本书最后。

◎ 前 8 个多联骨牌(polyominoe)

如果我们忽略最简单的 1×1 方格,那么前 8 个多联骨牌一共占 28 个单位面积。

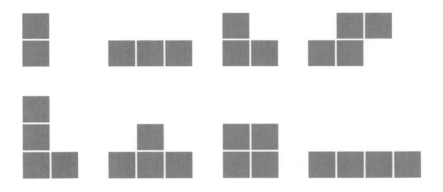

小测试: 你能把它们都塞到这个 4×7 的矩形中去吗?

答案在本书最后。

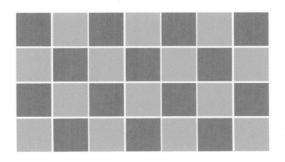

◦ 各种骨头

人的颅骨中有 28 块骨头（8 个头盖骨，14 个面骨，6 个耳骨）。

总而言之，你应该有 206 块骨头，基本由以下部分组成：

● 你头骨里有 28 块骨头

● 颈部有 1 块马蹄形舌骨

● 26 个椎骨（7 块颈椎，12 块胸椎，5 块腰椎。还有 1 块骶骨，由 5 个融合椎骨组成；1 块尾骨，由 4 块融合椎骨组成）

● 你脚上有 26 块骨头

● 24 根肋骨加上胸骨，肩胛骨（人体最易骨折的 2 块锁骨以及 2 块肩胛带）

● 1 骨盆环（2 块融合骨）

● 每只手臂有 3 块骨头，每条腿有 4 块。这提供给我们一个清晰的事实，即每只"手臂和手"和每条"腿和脚"拥有同样数量的骨头——30 块

● 少数骨头，从 8 到 18 块不等，它们与关节有关

● 在你的手上有 27 块骨头（而蜘蛛猴每只手上有 45 块骨头）

每个个体也有不同。例如：有些人天生具有额外的肋骨或腰椎，并不是每个人头骨中都有印加（缝合）骨头存在。

29

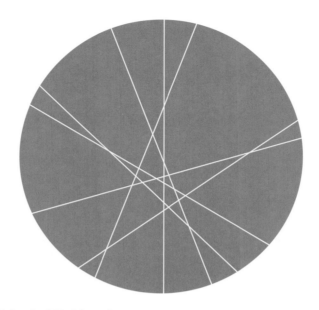

◎ 懒惰的食堂数列

在一个比萨上切 7 刀最多可以得到 29 块。用一支铅笔和一支钢笔画一个大圆自己试试吧。但下次当你邀请 29 个朋友来吃饭的时候,别想着,"嘿,我只需要一个比萨就够啦",因为这实际上十分难做,有几块会非常小。通常来说,要找出切特定刀数能得到的最多块数,则需将切的刀数设为 n,然后代入到下面这个公式中可得:

$$比萨的块数 = \frac{n \times (n+1)}{2} + 1$$

因此如果切 7 刀,你可以得到:

$$\frac{7 \times (7+1)}{2} + 1 = \frac{7 \times 8}{2} + 1 = 7 \times 4 + 1 = 29$$

请注意,一旦你设法做到了这一步,你的几个朋友将会对比萨的大小和形状非常不满。

◎ 佩尔数 (Pell number)

我 们 在 第 4 章 就 已 经 接 触 过 正 方 形（ square ） 了（ 你 一 定 记 得 5^2=5×5=25）。早 在 第 2 章，我 就 解 释 过 乘 方 的 逆 运 算，它 被 称 为 "开 方 (taking the square root)"。所 以，因 为 5^2=25，我 们 知 道 5 是 25 的 算 术 平 方 根，写 作 $\sqrt{25}$。

但 平 方 根 并 不 总 以 整 数 形 式 存 在，如 这 里 的 数 字 5。事 实 上，大 多 数 时 间 它 们 都 不 是 这 样。

没 有 一 个 整 数 或 分 数 是 2 的 平 方 根。但 我 们 可 以 算 出 一 系 列 分 数，保 证 它 们 越 来 越 接 近 $\sqrt{2}$，这 些 数 字 被 称 为 "$\sqrt{2}$ 的 有 理 近 似 数 (rational approximation of $\sqrt{2}$)"。

当 我 们 将 $\frac{1}{1}$ 平 方，我 们 得 到 了 1，这 比 2 小。当 我 们 将 $\frac{2}{1}$ 平 方，我 们 得 到 4，它 比 1 离 2 更 远，因 此 数 字 1 是 $\sqrt{2}$ 的 最 佳 整 数 近 似。

现 在 让 我 们 允 许 自 己 选 择 分 数。

当 我 们 将 $\frac{3}{2}$ 平 方，我 们 得 到 $\frac{9}{4}$ =2.25，它 比 2 大，且 比 1 更 接 近 $\sqrt{2}$，因 此 它 是 比 $\frac{1}{1}$ 更 好 的 $\sqrt{2}$ 的 近 似 值。

现 在，以 3 或 4 作 分 母 的 分 数 都 不 会 更 接 近，但 $(\frac{7}{5})^2 = \frac{49}{25}$ =1.96，它 比 2 小，且 比 之 前 的 "猜 想" $\frac{3}{2}$ 更 接 近。

$\sqrt{2}$ 的 最 佳 近 似 数 列 为 $\frac{1}{1}$, $\frac{3}{2}$, $\frac{7}{5}$, $\frac{17}{12}$, $\frac{41}{29}$, $\frac{99}{70}$, …
此 数 列 所 有 项 的 分 母 被 称 为 佩 尔 数。

因 此 29 是 第 5 个 佩 尔 数。

29 年

太阳系第二大行星土星（Saturn），环绕太阳运行周期为 29 年。所以，你真的可别忘了某个人的生日啊……

29 个字母

丹麦语和挪威语字母表中有 29 个字母 —— 我们英文中的 26 个，以及另外 3 个：æ（它的大写字母是 Æ）、ø（Ø）和 â（Å）。

29=2×9+2+9

你应该能让自己相信任何数都遵循：$a9=a \times 9+a+9$。

◎ 坡脚三角形（limping triangle）

坡脚三角形是较短两边长度相差 1 个单位的直角三角形（见第 5 章）。

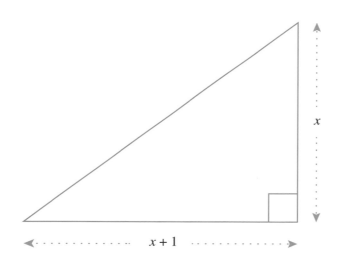

小测试： 有一个坡脚三角形，它的斜边（hypotenuse）（即最长边）长为 29 个单位。请找出两条直角边的长度。

答案在本书最后。

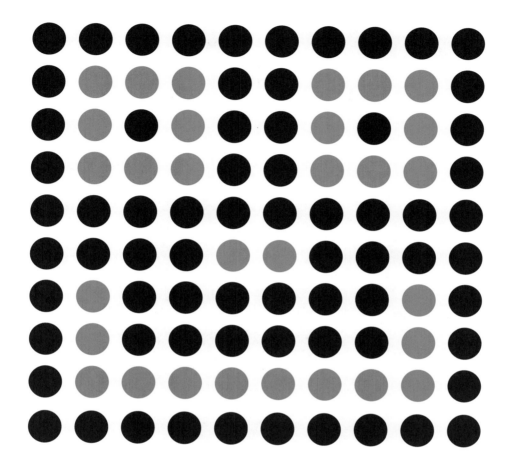

30

◎ 十二面体（dodecahedron）

下面的这个形状叫作十二面体，由希腊语 dodeka 衍生而来，意为"12"（due 意为 2，deka 意为 10）。这个柏拉图多面体有 12 个正五边形面，在每一个顶点处有 3 个面相交。

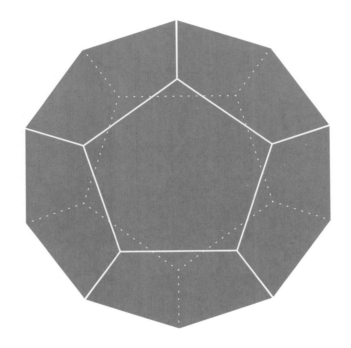

就像我们知道的，莱昂哈德·欧拉得出一个立体形状的面数（face）、棱数（edge）和顶点数（vertice）是以这个简单且美妙的公式关联的：$V+F-E=2$。

所以这个十二面体有几条棱呢？

我们看到一共有 12 个面，每个面有 5 个顶点，所以你也许会认为一共有 60 个顶点。但每个顶点其实"连接"到 3 个面，因此事实上只有 20 个顶点。

欧拉多面体的公式告诉我们 $12+20-E=2$，因此我们的十二面体一共有 30 条棱。

尼尔王（King Niels）

丹麦的尼尔王统治了 30 年之久，这本身已经够令人称奇的了。但让人更瞠目结舌的是，他仅仅使用了 7 个智囊团成员 —— 他的个人助理或者大家所说的 Huskarle（译者注：原文为丹麦语）。

巨蟒组（Monty Python）

他们也许出名而风趣地宣布过"没有人能预料得到西班牙宗教法庭的审讯"（相信我，孩子，在 YouTube 上搜一下吧），但他们其实能预料得到。西班牙宗教法庭事实上会提前 30 天通知他们计划"审问"的人。

树懒（sloth）

树懒做所有事情都十分慢 —— 甚至消化它们的食物也是如此。它们所食用的树叶对于它们的消化系统来说实在太复杂了，以至于一只树懒需要 30 天的时间才能消化一餐饭。

一只蚁后的卵细胞可以被它储存了 30 年的精子受精。

◎ 分拆派对

我们已经几次提到了如何分拆数字（见第 4 章和第 22 章），你永远猜不到数字 9 有多少种不同的分拆方式。好吧，当然了，它在第 30 章 …… 对，9 有 30 种分拆方式。

如果仅用质数的和的形式来表示一个数，就叫作"质数分拆"。

举个例子，9=7+2，这是 9 的一个质数分拆。

✍ **小测试：** 找出 9 的所有 4 个质数分拆。

答案在本书最后。

◎ 素数阶乘（primorial）

30 是 5 的"素数阶乘"：30=5#。

我之前曾提到过阶乘（factorial）（见第 24 章）。要得到一个数的阶乘，只要将包括此数和小于此数的所有整数相乘即可。

所以 5 阶乘或 5!=5×4×3×2×1=120。

而任何一个数的素数阶乘则是所有小于等于这个数的质数的乘积。

因此 5 的素数阶乘，写作 5#，是 5×3×2=30。

而在这里，6 不是质数，因此 6#=5×3×2=30。

✏ **小测试：** 在 5# 和 6# 之后，找出接下来三个不同的素数阶乘 —— 仅仅用纸和笔，如果你想接受挑战的话！

答案在本书最后。

◎ 农历月份（lunar month）

一个农历月份，是指月球经历所有月相（phase）并绕地球一圈的时间，它接近 30 天（其实是 29.5306 天，如果你在意细节的话），这也是古代日历公认一个月是 30 天的原因。问题在于，即便是古时候的人也知道日出要隔 365 天才会在同一个地点发生，由此四季才会更迭。而一个太阳年（solar year），即地球绕太阳公转一圈的周期 —— 虽然大多数古时候的人并不知道地球是绕太阳转（但那是另一个话题了）—— 并不是正好为 30 天。因此，一些多余的天数需要被加上。戴维·尤因·邓肯（David Ewing Duncan）有一本很棒的书 ——《日历》（*Calendar*），它解释了这一长串事件的来龙去脉（更多古老怪诞的日历见第 46 章）。

31

◎ 第三个梅森素数

因为 $31=2^5-1$，因此它是第三个梅森素数。

几乎所有我们发现的较大质数都是梅森素数（2^p-1，p 为质数）。第 48 个梅森素数，于 2013 年 1 月被柯蒂斯·库珀（Curtis Cooper）博士发现，是：

$$2^{57\,885\,161}-1$$

它有 17 425 170 个数位，如果将它用《哈利·波特》小说的字体和字号打印出来，将需要 1.5 倍 7 本全套丛书那么厚的纸张 —— 那将是惊人的 5000 页左右。

要了解更多关于这些巨大质数的知识，你可以在网上搜索 TED 演讲（http://bit.ly/19RvlHE），演讲者是一个帅得不像话的热爱数字的澳大利亚喜剧演说家。他叫什么名字呢？我肯定在哪里把他的名字记下来了……对啦，就是我本人！

起先，梅森素数出现得比较频繁：

$2^2-1=3$，这是第一个梅森素数，记为 M_1；

$2^3-1=7$，这是 M_2；

$2^5-1=31=M_3$；

$2^7-1=127=M_4$。

但当你开始思考"我好像发现了什么。对任何质数 p，2^p-1 也是一个质数！哇，他们要叫这个'ＸＸ（你的名字）定理'啦，我要出名啦！"时，你得注意这个：$2^{11}-1=2047=23\times89$ 而这个数不是质数。

因此 2^p-1 并不是对所有质数 p 都是质数。

事实上，它们有一阵子出现得很频繁，之后，就很快变得稀少了：

$2^{13}-1=8191$，$2^{17}-1=131\,071$，$2^{19}-1=524\,287$。它们都是质数，同样地，$2^{31}-1=2\,147\,483\,647$ 也是质数（再一次感谢欧拉）。

$2^{127}-1=170\,141\,183\,460\,469\,231\,731\,687\,303\,715\,884\,105\,727$，它是一个质数 —— 这是在 1876 年，仅用纸、笔，以及强大的脑力证明出来的。干得漂亮，爱德华·卢卡斯（Édouard Lucas）先生。

然后，计算机诞生了，所有事情都有了很大的转机。从 20 世纪 50 年代开始，我们发现了越来越大的质数：

$$2^{2203}-1$$

（1952 年 10 月发现，664 位数）

$$2^{11\,213}-1$$

（1963 年 6 月发现，3376 位数）

$$2^{21\,701}-1$$

（1978 年 10 月发现，6533 位数）

$$2^{216\,091}-1$$

（1985 年 9 月发现，65 050 位数）

$$2^{1398\,269}-1$$

（1996 年 11 月发现，420 921 位数）

$$2^{43\,112\,609}-1$$

（2008 年 8 月发现，12 978 189 位数）

它们都引领我们接近柯蒂斯·库珀在 2013 年发现的巨人质数。

◎ 拳击巫师（boxing wizard）

"全字母短句（pangram）"是一个包含了字母表中所有字母的句子。它源于希腊语 pan，意为"所有"，和 gramma，意为"写下的字，字母表中的字母"。

大概最广为人知的英文全字母短句就是"The quick brown fox jumps over the lazy dog"，它在短短 35 个字母中包含了从 a 到 z 的所有字母。

将第二个"the"改为"a"，我们可以将它缩短为 33 个字母。

但我们还可以做得更好。很长一段时间里，我最喜爱的全字母短句是由 32 个字母组成的"Pack my box with five dozen liquor jugs"。

然而，在我阅读戴维·达琳的著作《万能数学小百科》时，我所了解到的最惊人的事情就是这个全字母短句: The five boxing wizards jump quickly. 它仅有 31 个字母！

这里还有几个全字母短句，但说实话其中几个有点儿牵强······

We promptly judged antique ivory buckles for the next prize.(50)

Sixty zippers were quickly picked from the woven jute bag.(48)

Crazy Fredrick bought many very exquisite opal jewels.(46)

Pack my box with five dozen liquor jugs.(32)

The five boxing wizards jump quickly.(31)

How quickly daft jumping zebras vex.(30)

Sphinx of black quartz, judge my vow.(29)

Waltz, nymph, for quick jigs vex bud.(28)

32

世界上最短的国歌（按文字长度算）是《君之代》（*Kimigayo*），即日本国歌，有 11 个 bars 那么长，仅有 32 个日本汉字。虽然在长度上有欠缺，但它的诗意却使其增色不少。翻译如下：

君が代は	May your reign continue for	我皇御统传千代
千代に八千代に	a thousand, eight thousand, generations,	一直传到八千代
さざれ（細）石の	Until the pebbles	直到小石变巨岩
いわお（巌）となりて	Grow into boulders	直到巨岩长青苔
こけ（苔）の生すまで	Lush with moss	

它恰巧也是世界上最古老的国歌之一。

◎ 神奇的六角星形幻方（第一部分）

在有史以来最伟大的数学推广者之一，美国人马丁·加德纳有趣的著作《宇宙比黑莓更稠密吗？》中，他解释了六边形幻方的发明。

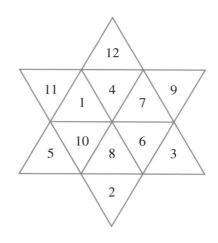

在这个六角星形幻方中，我们把数字 1 到 12 填入空格中，使每一条直线上的 5 个三角形中的数字加起来都等于 32。

事实上，它是唯一一个常数和为 32 的六角星形幻方，也是仅有的两个使用数字 1 到 12 的六角星形幻方之一。

◎ 超立方体（tesseract）

我们都知道正方形长什么样儿，而立方体就是正方形的三维图形（数学家可能会说是正方形的"普遍化"或者是"类似化"图形）。

的确，我们可以用二维世界中的 6 个正方形（如右图所示）在脑海中想象立方体。将其中一个正方形固定，然后将其余正方形按三维形状"粘合"成一个立方体。我们得到了一个拥有 6 个面、8 个顶点（角）以及 12 条棱的立方体。

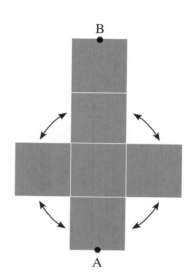

我们需要做的就是将点 A 和点 B 粘合，然后按照箭头的方向粘贴其他部分。

就像我们在第 24 章中了解到的，一个超立方体是立方体在四维空间中的存在形式。它有 32 条棱、16 个顶点，包含了 24 个正方形，以及 8 个立方体。

要对超立方体的几何形状有一定概念，我们在三维空间中取 8 个立方体——处在一条竖线上的 4 个立方体，和 4 个从竖线上第二个立方体的余下 4 个面伸出的立方体。

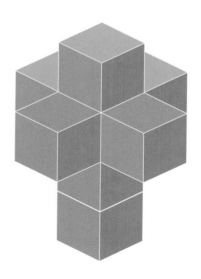

现在，就像我们将正方形粘贴成立方体那样，我们将立方体粘贴成超立方体。在四维空间中，你将最底下的立方体和最上面的立方体的两个面粘贴起来，然后将各个方向伸出来的立方体的面也粘贴起来。

花几秒钟时间思考一下。哇！

别担心，现在我的脑袋也疼啦。

水蛭（leeche）
是多么神奇的动物。

在医学中，水蛭被用于从人体内除去血液、帮助重新接合人体部件、协助血液流通以及各种手术之后的愈合。它们雌雄同体（hermaphrodite），可以有多至 9 对睾丸。虽然有时人们说它们有 32 个大脑，但更准确地说，是它们的身体分为 32 个部分，而它们的一个大脑分布于 32 个神经中枢（ganglia）中：每个身体部分有一个神经中枢。虽然如此，还是令人称奇吧。

33

嘘！

古老的苏格兰共济会（the Ancient and Accepted Scottish Rite of Freemasonry）可能授予的最高头衔就是 33 度头衔。在那个位置，你一定可以和最高规格的秘密握手了。

多么奇怪

这里有一个看上去十分古怪的等式：$33=1!+2!+3!+4!$ 如果你看不懂我在谈论什么的话，请看第 6 章。

三角形数

最大的无法用不同的三角形数之和表示的数是 33。

小测试： 将下列数字表示为不同的三角形数之和：55，64，90。

答案在本书最后。

◎ 墙上那瓶 33 号大小的啤酒

如果你想喝啤酒，别走到酒吧直接点"33 号"，因为它可以表示很多意思。330 毫升大约是一升的三分之一，也是个十分受欢迎的酒瓶尺寸，但具体什么样，取决于你在世界的哪个位置。在越南、法国、尼日利亚等许多国家你都可能被提供各式各样的"33 号出口贮藏啤酒"。如果是在温哥华，可能是来自 33 英亩酿酒公司（33 Acres Brewing Co）的酒，在美国也相当可能是一瓶滚石（Rolling Rock）清淡大杯，它虽然被称为"滚石"，标签上却仍然有"33"字样。原因是当这种啤酒的"质量保证书"被起草的时候，有人为了表明它是多么短，指出它只有 33 个单词的长度。所以他们在那一页上写下了很大的 33，且流传至今。

130

◎ 神奇的六角星形幻方(第二部分)

我们刚刚见识过这个六角星形幻方(见第 32 章):

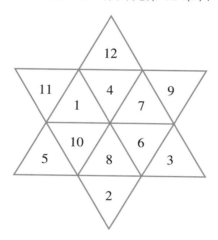

但现在我们要将这个六角星形幻方转变为另一个。从最顶上的三角形开始,将每个三角形里的数改作 13 减去此数的差。因此 12 变成了 13-12=1,而 11 变成了 13-11=2,1 变为 12,以此类推。

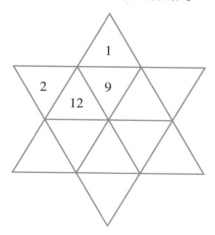

◎ **小测试:** 对于这个新的六角星形幻方,你注意到了什么呢?

答案在本书最后。

◎ 莫伦的矩形

我们在第 21 章中看到杜伊杰斯廷的惊人发现，即一个正方形可以被分成 21 个较小的不同大小的正方形。早于这个发现的 50 多年前，波兰数学奇才兹比格纽·莫伦（Zbigniew Moroń）得到了十分接近的结论，他发现一个 33×32 的矩形可以由 9 个不同的正方形组成。

如果你观察第 21 章中的正方形和这个矩形，我们可以把图案转化为等式。莫伦的矩形告诉我们：

$$1^2+4^2+7^2+8^2+9^2+10^2+14^2+15^2+18^2=33\times32=1056$$

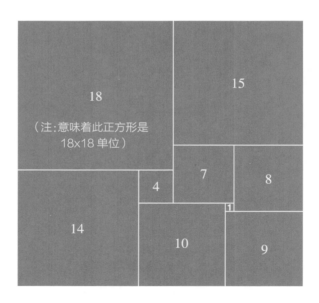

而杜伊杰斯廷的正方形则可用更长的等式表示：

$$2^2+4^2+6^2+7^2+8^2+9^2+11^2+15^2+16^2+17^2+18^2+19^2+24^2+25^2+27^2+29^2+33^2+35^2+37^2+42^2+50^2=112\times112=12\ 544$$

34

截至 2015 年，法语被世界上 34 个国家作为官方语言。但对你们这些亲法的人们，非常不幸的是，以英语为官方语言的国家正好是以上的两倍——68 个。C'est la vie（译者注：法语，意为"这就是生活"）。

◎ 幻　方

在一个 4×4 的幻方中，从 1 到 16 的每个数字仅出现一次，所有行、列、对角线上的数加起来都等于 34。我们在第 9 章中看到的 3×3 幻方是唯一可能的 3×3 幻方，而 4×4 的独特幻方有 880 种！如果你认为那已经非常多的话，当我们来到第 65 章的时候，你得保证自己还坐在椅子上 ……

⚬ **小测试：** 尝试完成这些 4×4 幻方。

答案在本书最后。

12	13		8
6			10
		14	11
9	16		5

1	2		16
13		3	
	7		5
8		6	

10	16	1	7
15	5	12	2

16			13
		11	
4			1

◎ 更多幻方

这里有另一个幻方，它看上去更加神奇——如果你知晓它背后的原因的话。请查看右边的表格。

在表格中任意选择 4 个数，我们的限定条件是，没有两个相同的数在同一行或同一列。然后将这 4 个数加起来。

1	2	3	4
5	6	7	8
9	10	11	12
13	14	15	16

你也许会选择：

1+6+12+15=34，

或者 2+5+11+16=34，

或者 4+5+11+14=34，

或者……

不论你选哪 4 个数，你都会得到 34。哇！

如果你将外围的行、列加到方格中，你会了解发生了什么。

每一个原先表格中的数字刚好是它所在的行和列的数字之和。例如：11=3+8。

因此当你加上一个数时，你等于加上了它所在行和列的数字，即 1+2+3+4+0+4+8+12，所得的和始终等于 34。

	1	2	3	4
0	1	2	3	4
4	5	6	7	8
8	9	10	11	12
12	13	14	15	16

比这更酷的是，你实际上可以将 (1, 2, 3, 4) 和 (0, 4, 8, 12) 打乱顺序，然后得到一个完全不同的新幻方，它看上去十分随机，但性质还是一模一样。因此，你可以观察右边第 3 个方格，它也遵循"34 定律"。

	1	3	4	2
8	9	11	12	10
12	13	15	16	14
4	5	7	8	6
0	1	3	4	2

◎ 可描画图像 (Hypotraceable diagram)

数学家将像右图一样的路线称为"可描画的",即你可以一笔将此图描完,笔不离纸,且正好经过每一个点一次。

举个例子,将铅笔放在右上角,然后描画线段 1,2,然后 3。或者从左下方开始,描画 3,4,5(或者 5,4,1)等。

你应该可以观察出右边的这个图案是不可描画的(untraceable)。

现在,请看下面的图案,它也是不可描画的。它就是我们所说的托马森图 34(Thomassen Graph 34)。

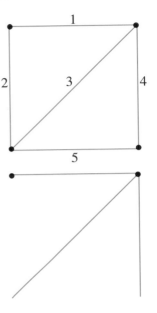

好啦,现在有一个绝妙的练习:去除图案中任何一点以及它所关联的线段,你会发现所产生的新图案是可描画的。我们将这种图案称为可描画图像。

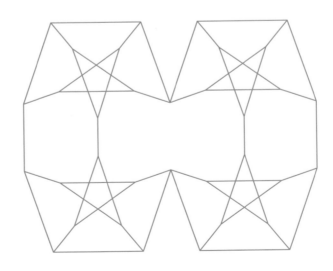

35

世界上首个口袋科学计算器是 HP-35,它如此命名是因为它一共有 35 个键。它当时的定价为 400 美元,换算到现在已超过 2000 美元了。

◎ π 的近似值

这个非常简单的图像 —— 一个正方形在一个圆内,而圆在更大正方形中 —— 其实是尝试计算 π 的第一步。

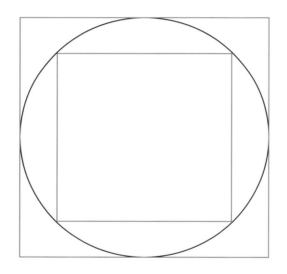

我们已经接触过 π 了(见第 22 章),一个直径为 1 的圆的周长。

让我们假定这个圆的直径为 1。

也就是说小正方形的对角线为 1,而大正方形的边长为 1。

很显然,圆周长介于两个正方形的周长之间。

这个观察使我们得到:

$2\sqrt{2} < \pi < 4$。

这不是一个完美的近似值，事实上，它只能告诉我们 π 在 2.83 和 4 之间。

但如果我们把这个圆"镶嵌"在两个超过 4 条边的正多边形中间，我们可以发现它们之间留下的空间的面积越来越小，π 的近似值也更加准确。

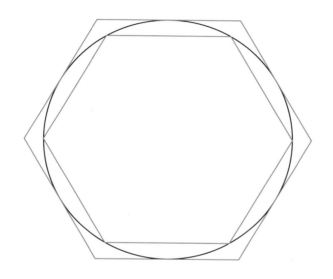

若使用六边形，我们可以得到 $3< \pi <3.464$。一直这样下去，边数不断增加。

我对那些能花费生命中的很大一部分时间沉溺于一件事情上的人十分仰慕。荷兰数学家和击剑教练鲁道夫·范·科伊伦（Ludolph van Ceulen）经过多年的计算，用 2^{62} 边形（4 611 686 018 427 387 904 条边——他画不出来，但他能计算出周长）得出了 π =3.14159265358979323846264338327 950288…

那是 π 小数点后面 35 个数位，已经很不错了！干得好，鲁道夫。1610 年，当人们将他埋葬的时候，人们把"鲁道夫数（Ludolphine number）"刻在了他的墓碑上。

在国际象棋中,马(knight)可以向边上走 2 步,然后向角上走 1 步。因此,一个在棋盘正中的马可以走向以下 8 个位置中的任何一个:

在一个 8×8 的棋盘上,马可以走 35 步而不重走旧路。看看你是否可以找到这个 35 步的路线。

◎ 准确的六边形

6 个方格的多联骨牌(polyomino)(它没听起来那么吓人)被称为"六格骨牌(hexomino)"。花掉一个下午时间,使用一种有趣的方式,如果你没有其他计划的话,可以尝试找出所有可能的 35 种六格骨牌。下面是其中的 4 种,你可以从它们开始:

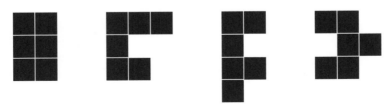

36

◎ 彭罗斯瓷砖（Penrose tiling）

近代最绝妙的数学家之一（我其实想说有史以来，但我见过这个人，所以会有偏好），就是英国的罗杰·彭罗斯爵士（Sir Roger Penrose）。他在宇宙学、量子力学以及大众数学领域都有惊人的建树。

他发现的最美妙的事物之一就是"平面上的彭罗斯瓷砖（Penrose Tiling of the Plane）"。

想象你十分富有 …… 真的富有 …… 以至于你的卫生间不只是巨大，而是无限大。对啦，你家卫生间的墙的长度和高度在空间上无限延伸。

挺酷的。但你将怎样选择卫生间的瓷砖？

看吧，这是个愚蠢的问题，但在无限大的平面上砌满瓷砖是一个绝妙的数学问题。

彭罗斯发现了两种瓷砖，它们都有 36 度角：

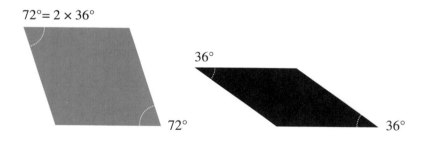

这两种瓷砖可以"非周期性地（aperiodically）"平铺在平面。这就意味着你可以将这些图案随意滑动到任何地方，而它们也不会互相重叠。下一页是我们准备的图案。

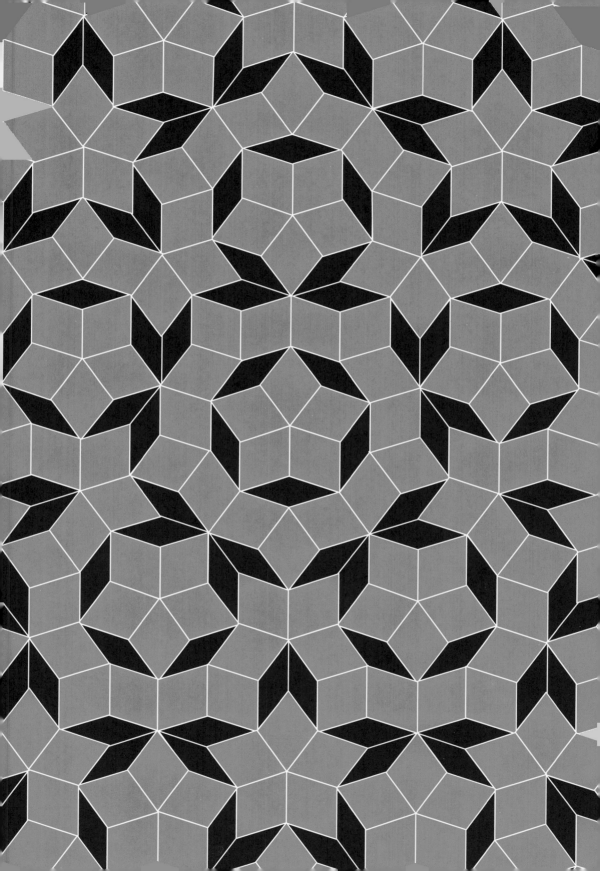

如果一个数的因数除了 1 和它本身还有其他，那么它就是一个合数。因此 14 是一个合数，因为 14=2×7。你可以通过很简便的检验（做点儿算术除法），发现 17 只能被写作 17×1，因此 17 不是一个合数，而是个质数。36，不只是合数，还是高合成（highly composite）数。这个概念是由杰出的印度数学家拉马努金（Ramanujan）提出的，它被定义为因数个数比小于它的所有数的因数个数都多的数。因此 36 有因数 1，2，3，4，6，9，12，18 和 36，而从 1 到 35 中没有一个数有 9 个因数。另外一些高合成数包括 332 640，43-243 200 和 6 746 328 388 800（后者是 1915 年拉马努金计算出来的 102 个高合成数中最大的数）。

🎡 **小测试：** 事实上有 9 个比 100 小的高合成数。请找出它们。

答案在本书最后。

◎ 两个骰子

如果你掷两个骰子，每一个有 6 种可能。因此一共有 36 种不同结果。很显然，你不可能得到 36 种不同的两数之和，因为不同的骰子数加起来会成为相等的数。例如一个 1 和一个 4 得出的和为 5，但一个 2 和一个 3、一个 3 和一个 2，或一个 4 和一个 1 都可以得出 5。这个表格展示了所有可能的两数之和。

第一次投掷

	1	2	3	4	5	6
1	2	3	4	5	6	7
2	3	4	5	6	7	8
3	4	5	6	7	8	9
4	5	6	7	8	9	10
5	6	7	8	9	10	11
6	7	8	9	10	11	12

第二次投掷

两次投掷之和可能性最大的数为 7，它的平均概率为 $\frac{6}{36}$ 或 $\frac{1}{6}$。

37

1879 年,在比利时的列日,一次改革邮寄方式的尝试中,使用了 37 只训练有素的猫 …… 结果惨烈地失败了。

2014 年,澳大利亚足球传奇亚当·古兹(Adam Goodes)(声明：我的伙伴),身着伟大的悉尼天鹅队(Sydney Swans)(声明：我最爱的球队)的 37 号球队。

◎ 六边形数(hexagonal number)

37 是第 4 个"中心六边形数(centred hexagonal number)"。它们是由围绕中心点排成正六边形的点的个数。确实,这不惊人。中心六边形数包括 1,7,19,37 等。

◎ 桥牌(bridge)

我从未玩过桥牌(我知道,我也称自己为书虫 —— 但说实话,我比较适合国际象棋),但我被可信的来源告知,37 是桥牌中出现概率最高的累计分数(4 个 ace,每个 4 分；4 个 king,每个 3 分；4 个 queen,每个 2 分；以及一个 J,1 分)。

◎ 秘书的问题（secretary's problem）

秘书的问题，也被称为"苏丹的女儿（sultan's dowry）"，当然还有很多其他名字，它是一道非常著名的数学谜题。

想象你要见 100 个人，他们一个一个地来，每一个人都要给你一些钱。你只有 30 秒钟时间，要么接受这些钱，要么告诉他："我不要，请走开。"在某个时间点，你将会接受一个人的钱，而后就不得再见 100 个人中剩余的那些人了。但你一旦让某人走开，你就不能再叫他回来给你他提供的钱了。

要赢得这个游戏，你得对这些人中钱最多的人说"是"。

问问你自己，你要见这 100 个人中的几个人，才会对他们所带的钱的数量有点概念，然后再决定："好啦，就这个啦。我会对下一个比所有之前都多的人说'是'。"

你会只问 2 个或 3 个人，然后就准备在下面几个人中选择钱"最多"的人？抑或是你会等到第 85 个人左右，让你对他们提供的钱数有了较好的了解，但却可能错过了已经过去的最多钱的人？你将要拒绝多少人，最终决定"好啦，我准备好了"？

成千上万的数学家用了各种不同的数学方式试图解决这个问题。公认的最佳策略是等到第 37 个人，然后对在这之后提供最多的钱的人说"是"。

如果你按以上方法做，你获胜的概率是 37%—— 如果你问我，我觉得获胜概率已惊人高了。

数字 37 是由 $\frac{1}{e}$ 得到的，e 是个十分重要的无理数，e=2.718⋯，因此 $\frac{1}{e}$ 大约等于 0.37 或 37%。

数字 37 被写在天堂里 —— 开放星团 NGC2169，距离猎户星座 3600 光年，看上去就像数字 37。

◎ 选一个两位数 ……

现在，将它乘以 3，然后乘以 7，再乘以 13。

最后乘以 37。你得到了什么？

哇！为什么呀？

好吧，$3×7×13×37=10\ 101$，当你将这个两位数乘以 10101 时，这个数各数位上的数字就重复了，且 0 使它们巧妙地铺展开来。

如果我告诉你 $1\ 001\ 001=3×333\ 667$，你可以为这个游戏创造一个新的适用于三位数数字的版本吗？

另一个关于 37 的超酷的事实是：如果一个三位数 abc 可以被 37 整除，那么 bca 也可以。举个例子：37 可以整除 851($851=37×23$)，所以我们直接得知 37 可以整除 518。

这都是因为 $999=37×27$。

这个命题是正确的，因为数字 abc 事实上就是 $100a+10b+c$，即 $851=100×8+10×5+1$。

假设我们有两个数 A 和 B，A 是 abc，而 B 是 bca：

那么 10A−B 是多少呢？

$10A−B=10(100a+10b+c)−(100b+10c+a)$

$=1000a+100b+10c−100b−10c−a$

$=999a$

好了，因为 999 能被 37 整除，因此 10A−B 也能被 37 整除。

所以如果 A 能被 37 整除，很显然，B 也能被 37 整除。简单吧 ;)

38

巨大的球

2000 年，乒乓球从 38 毫米增大到 40 毫米。

哈？

找出接连的错误：在电影《夺宝奇兵》(*Raiders of the Lost Ark*) 中，酒吧里的交火，我们的英雄印第安纳·琼斯 (Indiana Jones) 一开始使用的是 .38 口径（约 9 毫米）的来复枪——后来换成了 .45（约 11.43 毫米）的，然后又换回 .38，之后又重新换成了 .45 口径的。

奶油泡芙（Creme Puff）

根据吉尼斯世界纪录，世界上最长寿的猫名叫奶油泡芙。它出生于 1967 年 8 月 3 日，它的寿命是惊人的 38 年零 3 天。奶油泡芙和她的主人杰克·佩里 (Jake Perry) 生活在美国得克萨斯州的奥斯丁。佩瑞也是"猫爷爷"雷克斯·艾伦 (Rex Allen) 的主人，它是在奶油泡芙之前的世界最长寿的猫纪录保持者。

◎ 神奇的正方形六边形幻方

还记得幻方吗？（如果你已经忘记了的话，请查看第 9 章和第 34 章）好吧，这是唯一的由六边形组成的幻方。它使用从 1 到 19 的所有数字，使每条直线上的 3 个、4 个或 5 个六边形中的数加起来都等于 38。请尝试着完成它。当然，答案在本书最后。

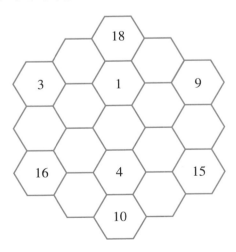

美国人斯科特·弗兰斯伯格（Scott Flansburg）是世界上已知的**最快的人脑计算器**。

2000 年 4 月 27 日，在英国温布利举行的吉尼斯世界纪录比赛中，他在 15 秒内正确计算出了随机选择的数——38 的 36 次幂的值，且没有用计算器！

诚然，很多人都听说过哈雷彗星（Halley's Comet）（见第 76 章），却极少有人知道史蒂芬·奥特玛彗星（Stephan-Oterma），它悄无声息地完成了它的使命，从火星（Mars）一直运动到天王星（Uranus），然后再回来，周期为 38 年。

◎ 将你的（不）幸运翻倍

仅仅简单地在轮盘上加上"00"可以让老虎机的数字从 37 增加到 38，从而使玩家获胜的概率几乎翻了一倍，从 2.7% 涨到 5.26%。

◎ 阶乘素数

还记得第 6 章和第 24 章中的阶乘吗？好吧，看看这个：

$3!-1=3×2×1-1=5$

$3!+1=3×2×1+1=7$

$4!-1=4×3×2×1-1=23$

现在请看看，数字 5, 7, 23 都是质数。但正当我们可能猜想到一个有点儿酷的规律，即 $n!+1$ 和 $n!-1$ 都是质数时，我们会发现 $4!+1=25$，这使我们的猜想化为泡影。

当 $n!-1$ 或 $n!+1$ 是质数时，我们称它们为"阶乘素数"，它们十分罕见。我们目前只知道 26 个以 $n!-1$ 形式出现的阶乘素数，而 $n!+1$ 形式的有 21 个。我们在第 77 章还会再接触到它们。

我们现在确认 $38!-1=523\ 022\ 617\ 466\ 601\ 111\ 760\ 007\ 224\ 100\ 074$-$291\ 199\ 999\ 999$ 是第 16 个阶乘素数。

39

数字 10^{39} 或者说 1 后面 39 个 0，被称为 duodecillion。如果你怀疑它在你屋子里也有的话，那么我告诉你，它长这样儿：

1 000 000 000 000 000 000 000 000 000 000 000 000 000。

◦ 无趣的 39

39 被称作是第一个"无趣数（uninteresting number）"。你思考一下，如果那是真的，那么作为第一个无趣数，这本身不就使 39 十分有趣了吗？哦 —— 悖论产生啦！

虽然 39 不像 7 那么性感，也不像 99 那么时髦，但它确实有非同寻常之处。举个例子，$39=3\times9+3+9$。觉得司空见惯吗？好吧，这个规律事实上对所有尾数为 9 的数都通用。为什么呢？很简单。

一个数 ab 等于 $10a+b$，所以在这里，$39=3\times10+9$。

例子中 $39=3\times9+3+9$ 与 $10a+b$ 以及 $a\times b+a+b$ 相对应。那让我们来解决 $10a+b=a\times b+a+b$ 的问题吧。

等式两边各减去 b，将得到 $10a=a\times b+a$。

两边再各减去 a，将得到 $9a=a\times b$。

只要保证 a 不是 0，两边各除以 a，就得到 $b=9$，所以：

$39=3\times9+3+9$

$79=7\times9+7+9$

159=15×9+15+9

诸如此类。

◎ 分拆问题

39 的一种分拆为 39=4+15+20。

如果你将它们相乘,你将得到 4×15×20=1200。

🔘 **小测试:** 还有两组 3 个数的 39 的分拆,它们的乘积也是 1200。找到它们。

[提示] 在任何可能的分拆中,从最小的一个数开始,然后算出另两个数之积。因此,如果一个分拆方式中有数字 4,那么我们需要另两个数,它们的和为 35,积为 $\frac{1200}{4}$=300,我们得到 15 和 20。用这个方法找到其他较小的数(小于 10)。答案在本书最后。

◎ 自恋的 39

观察下面的等式,让你自己相信它们是正确的:

$153=1^3+5^3+3^3$

$371=3^3+7^3+1^3$

$9474=9^4+4^4+7^4+4^4$

它们都符合以下定义:一个拥有着 n 个数位的数等于它所有数位上数字的 n 次幂的和。我们把 153,371,9474 这样的数称为"自恋(narcissistic)"数。

🔘 **小测试:** 下面哪些数是自恋数?

205,407,1546,8208,93 084,223 443,1 741 725,555 555 555,4 679 307 774。

答案在本书最后。

但为何这部分出现在数字 39 这一章中呢？好吧，告诉你，因为最大的自恋数是：115 132 219 018 763 992 565 095 597 973 971 522 401，而它拥有超长的 39 位数，且等于：

$$1^{39}+1^{39}+5^{39}+1^{39}+3^{39}+2^{39}+2^{39}+1^{39}+\cdots+4^{39}+0^{39}+1^{39}$$

好啦，我必须得躺倒休息一下啦。

◎ 重新研究倒数（reciprocal）

在第 17 章，我们接触到了 17 的 "倒数"，它的小数有 16 位循环节：

$\frac{1}{17}$ =0.0588235294117647 0588235294117647 0588235294117647…

现在检查一下 7 的倒数：

$\frac{1}{7}$ =0.142857 142857 142857，它有 6 位循环节 142857。

你也许在观察了这两个倒数之后开始思考，当我们有一个质数 p 时，$\frac{1}{p}$ 的小数展开部分会出现（$p-1$）位循环节 —— 在 $p=7$ 和 $p=17$ 的例子中，它确实成立。

事实上这并不完全正确，但已经十分接近了。当 p 是质数时，$\frac{1}{p}$ 的循环小数数位有 "（$p-1$）的某一个因数" 那么长。

因此对于 $\frac{1}{13}$，我们循环小数的位数是 12 的一个因数。

检验一下，我们发现：

$\frac{1}{13}$ =0.076923 076923 076923…，有循环小数 6 位，而 6 是 12 的一个因数。

如果你能看懂全部这些，那么就已经很不错了。这是个十分美妙的知识点，只是有点儿复杂。

我不会解释接下来一些事实的原因。如果 p 和 q 都是质数，且都不等于 2 或 5，我们知道 $\frac{1}{pq}$ 肯定是一个循环小数。

现在 39=3×13=p×q，此处 p 和 q 都是质数，且都不等于 2 或 5，那么对啦：

$\frac{1}{39}$ =0.025641 025641 025641…

太帅啦，如果你问我的话。

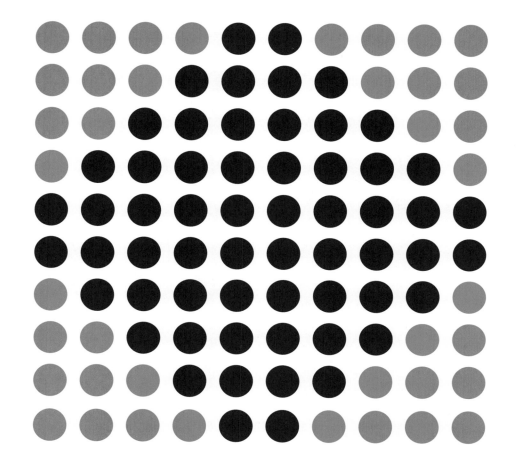

40

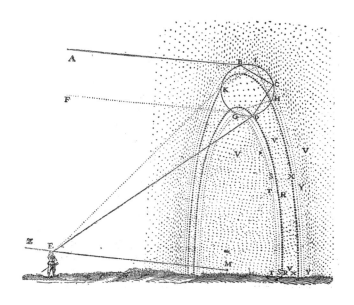

笛卡尔的素描说明
彩虹是如何形成的。
来源:维基百科

◎ 彩　虹

　　伟大的法国数学家勒内·笛卡尔(René Descartes)早在1630年就了解我们能看见彩虹的原因了。他发现彩虹不只是在空中有,它们也可能在喷泉的水柱中出现,还有当阳光射在玻璃上时也会出现。他拿了一个大玻璃球,透过它观察太阳,并注意到当他移动玻璃球的时候,光的颜色也改变了。

　　他发现,当你观察前面的一滴雨水,而太阳在你后面时,如果太阳和雨滴与你眼睛的角度刚好合适,所有光谱里的光途经水滴折射(偏斜)之后在雨滴的后表面反射,然后在离开雨滴的时候再一次折射,最终到达你的眼睛。

　　但当光被"折射"时,它的折射率取决于它的波长,也就是颜色。这就是为什么光可以"分散"成一系列颜色。太阳、水滴和你的眼睛的角度决定了你所看到的水滴的颜色。

　　数以千计的雨滴集合在一起,将一系列颜色反射给你,你就看到了彩虹的不同色带。这个意思就是,如果你和你的朋友距离几米远,一起观察一道彩虹,严格地说,你们在看两道不同的彩虹。因为一滴将某种颜色送到你眼中的水滴向你朋友传递的是略微不同的颜色。

而此时临界角（crucial angle）在 40.6 到 42 度之间。（译者注：当光由光密介质射入光疏介质，折射角为 90 度时，光刚好全部被反射回原介质的现象被称为"全反射"，此时的入射角是一个很重要的物理量，叫作临界角。）

◎ **巴赫特问题**（Bachet's problem）

如果有 4 个秤砣，可以被放在天平的任意一边，得以测量从 1 到 40（包括 1 和 40）的所有重量，那它们的重量是哪 4 个数呢？这就是 1612 年由巴赫特提出的著名问题。答案是 1，3，9 和 27。要得出这个结论，你得注意到天平可以直接测量一个物体的质量。

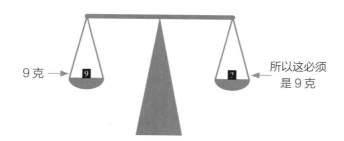

但你也可以在两边同时放上秤砣测量质量。

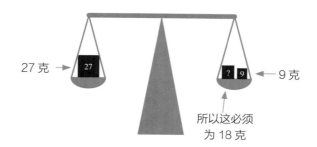

这十分有趣，确实很极客，你可以自己尝试用 1，3，9，27 这 4 个秤砣测量从 1 到 40 的所有质量。

零下 40 度 ……

零下 40 摄氏度和零下 40 华氏度相等。这是唯一使这两个刻度相等的数值。

Quarantena

Quanrantine 这个词来源于意大利语（17 世纪威尼斯语）quarantena——意为"40 天的时间"。

Fourty

forty（40）是英文数字中唯一一个字母排序符合英文字母表的词。

◦ WD-40

即便是房子里最不称职的勤杂工也知道 WD-40。它的创造者自豪地列出了这个神奇润滑剂的 2000 多种不同用途，从擦亮邮箱到分离粘在一起的乐高玩具。

但你也许不知道 WD-40 原本是为了保护阿特拉斯洲际弹道导弹（Atlas ICBM Missile）的外表皮和燃油箱不生锈或不被腐蚀而被发明的。下一次你用它来分离乐高玩具的时候，想想这个吧！

WD-40 这个名字来源于美国化学家诺姆·拉森（Norm Larsen）的笔记"排水量的第 40 个公式（Water Displacement 40th formula）"。干得好，诺姆，你这个坚持不懈的化学家。

41

莫扎特（Mozart）

很多信息来源称他在 35 年的生命里创作了 41 首交响乐（symphony）。一些学者质疑是否所有乐曲都是他写的，另一些人则表示他创作的数量比 41 还要多。但有一件事是肯定的，没有人认为沃尔夫冈（译者注：莫扎特全名为莫扎特·沃尔夫冈·阿迪斯）是一个游手好闲的家伙。

佩尔（Pell）又出了什么事啦?

就像我们已经在第 29 章发现的那样，那时我们刚接触佩尔数，$41/29=1.41379\cdots$ 它是 $\sqrt{2}=1.41421$ 一个很好的近似。

妙极

说到 $41=4^2+5^2$，请看看这个：

$4^2+5^2=1^2+2^2+6^2$ 且

$4+5=1+2+6$。

妙极了，不是吗？

◎ 无聊中生出的天才

广为人知的乌拉姆螺旋（Ulam spiral）[或被称为乌拉姆质数螺旋（Ulam prime spiral）] 是由美籍波兰裔数学家斯塔尼斯拉夫·乌拉姆（Stanislaw Ulam）在一次十分无聊的数学讲座中发现的（什么，数学讲座也有无聊的? 我知道，我和你一样感到惊讶）。

65	64	63	62	61	60	59	58	57
66	37	36	35	34	33	32	31	56
67	38	17	16	15	14	13	30	55
68	39	18	5	4	3	12	29	54
69	40	19	6	1	2	11	28	53
70	41	20	7	8	9	10	27	52
71	42	21	22	23	24	25	26	51
72	43	44	45	46	47	48	49	50
73	74	75	76	77	78	79	80	81

他将数字 1 放在正中，然后开始螺旋状在它周围写下接下去的数字。当他寻找质数的时候，他发现它们许多都落在对角线上。

◎ **我热恋的数学家**

莱昂哈德·欧拉在他不可思议的一生中几乎有上千个发现，其中一个是 n^2+n+41 这个公式。它看上去极为普通，但却拥有一个惊人的性质，即对于整数 $n=0$，$n=1$，$n=2$，一直到 $n=39$，此公式得出的都是质数。这意思就是：

$0^2+0+41=0+0+41=41$，41 是质数；

$1^2+1+41=1+1+41=43$，43 是质数；

$2^2+2+41=4+2+41=47$，47 是质数；

$3^2+3+41=9+3+41=53$，53 是质数；

一直继续到 $39^2+39+41=1521+39+41=1601$，而这也是质数。

然而，$40^2+40+41=1681$，它却等于 41×41。不错的努力，莱昂哈德。猜猜会发生什么 —— 我们可以将欧拉的等式和乌拉姆的螺线结合起来，从 41 开始，然后螺旋状展开：

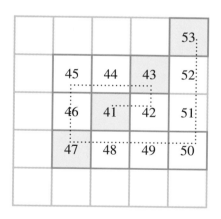

继续这样做，直到你得到一个 40×40 的正方形，所有质数都在对角线上。然后你可以将它装裱起来挂在墙上，作为你努力工作的纪念。

◦ 亿万种可能性

"英格玛（Enigma）"是德国在第二次世界大战（以下简称"二战"）中用于将情报译成电码传送给军队的机器。每当操作员从外接键盘上输入一个字母，就有一个电脉冲经过一系列极其复杂的旋轮、电线、插座以及圆环，最终生成和输入的字母不同的字母。

但每一次一个字母被输入系统，机器都重新调整内部旋轮，因此密码会继续变化。如果你将字母"G"连续输入 5 次，你每一次都会输出一个不同的字母。更糟糕的是，第二天，当机器重置新的开始密码，那 5 个"G"将会是另外一些字母了。

唯一能够看懂密码的办法是拥有一台和输入字母的人同样设置的英格玛机器。

把旋轮、圆环和电线的不同排列方式算在内，英格玛机器一共有 1.5×10^{20}（150 000 000 000 000 000 000）种可以被设置的方式。

2014 年的电影《模仿游戏》（*The Imitation Game*）将伟大的英国数学家艾伦·图灵（Alan Turing）介绍给了新一代电影爱好者。它和《万物理论》（*The Theory of Everything*）[关于史蒂芬·霍金（Stephen Hawking）的电影]同时提名奥斯卡奖给了我极客式的狂喜。

图灵在"二战"时期在破解纳粹密码方面取得了重大突破，因此温斯顿·丘吉尔（Winston Churchill）赞扬他是盟军胜利的最大贡献者。他还发明了我们所知道的"图灵测试"，它预言了人工智能在计算机和机器领域的概念。可惜艾伦·图灵去世得太早，享年 41 岁。

诚然，数学家的天才和德军的懒惰在破解英格玛机器的过程中起到关键的作用，但同样关键的还有战后盟军设法成功抓住的机会。

虽然，我得指出，如果你看了电影《猎杀 U-571》（*U-571*），会了解到英国人很恼火，因为是他们的军队在战争中做了跑腿的活儿，而美国人在那阶段甚至还没参战呢！

42

◎ 关于卡塔兰数 (Catalan number) 超酷的事儿

在第 14 章中我们见识了卡塔兰数 1, 2, 5, 14…, 它们是由下面这个公式产生的, 第一次看到可能感到可怕, 但事实上并没那么糟:

$$C(n) = \frac{(2n)!}{n!(n+1)!}$$

我们把卡塔兰数想象成你能够将一个多边形 (正方形、五边形、六边形等) 分割为三角形的方式。这里还有更多想象卡塔兰数的方式。

例如在一个 $n \times n$ 的网格中, 从左下角到右上角, 不超越对角线, 只能向上或向右走的不同方法的数量。

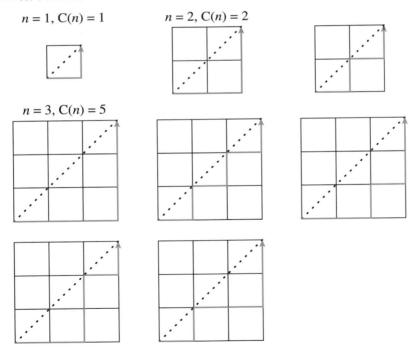

卡塔兰数也告诉我们, 用 n 个 X 和 n 个 Y 组合成单词, 要求从左到右 Y 的个数不能多于 X 的个数 (例如, XXYYXY 可以, 而 XYYXXY 则不行,

因为在前三个字母 XYY 中，Y 的个数比 X 多），共有多少种方式。

$$n = 1, C(n) = 1 \quad n = 2, C(n) = 2 \quad n = 3, C(n) = 5$$

<table>
<tr><td>XY</td><td>XXYY</td><td>XXXYYY</td></tr>
<tr><td></td><td>XYXY</td><td>XYXYXY</td></tr>
<tr><td></td><td></td><td>XXYXYY</td></tr>
<tr><td></td><td></td><td>XXYYXY</td></tr>
<tr><td></td><td></td><td>XYXXYY</td></tr>
</table>

这两种数数方式都为我们生成了卡塔兰数。

很显然，在方块中行走和将数字排列成词是相关联的。将 X 想象成"向右走"，而 Y 则是"向上走"，它们就对上号了。

你可以自己验证当 n=4 时，有 14 种行走在 4×4 方格中的方法，同样也有 14 种用 4 个 X 和 4 个 Y 组合成词的方法。

然后，如果你感到自己十分勇敢的话，42 是第 5 个卡塔兰数，试试找出 42 个路线和 42 个单词吧。哇！

◎ 生命的意义

根据深度思考，在道格拉斯·亚当斯（Douglas Adams）的《银河系漫游指南》（*The Hitchhiker's Guide to the Galaxy*）中，生命、宇宙以及所有事物的答案都是 42。没有人确切地知道这是否正确。但如果是的话，生命的意义会因为 10% 的消费税变为 46.2 吗？

◎ 欢乐时光

我们早已接触过分拆了（例如第 4 章和第 9 章）。还记得吗，7=4+2+1，7=5+2,7=3+1+1+1+1 都是 7 的分拆。尝试找出数字 10 的所有 42 种分拆。

为了防止重复,你可以有序地排列所有计算。

◎ 安德鲁斯立方体(Andrews Cube)

在安德鲁斯 1917 年的著作《幻方和魔方》(*Magic Squares and Cubes*)的第 65 和 66 页上,他列出了四个基本的 3×3×3 立体幻方。

在 3D 图中它们是这样的:

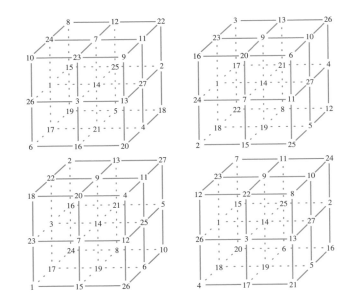

每一层的每一行、每一列上的数加起来都等于 42,同样加起来等于 42 的还有从前到后的所有面上的行和列上的数,还有从角落或者棱上开始,经过正方体中心,到达对面的角或棱上的数。

幻方常数(magic constant)为 42 的原因很简单,你可以这样思考:正方体上所有数字之和为 1+2+3+⋯+26+27=378,而总共有 3 层,每层有 3 行,即 9 条线,因此若每一条线上的数字之和都相等,这个数一定是 $\frac{378}{9}$ =42。

43

◎ 孪生素数（Twin Primes）

43 是一个质数。事实上,41 和 43 都是质数,且为相邻奇数。我们把这样的数对称为"孪生素数"。孪生素数有 (3,5),(5,7),(11,13),(17,19)……

在 2011 年 12 月,我们发现了这对孪生素数:

$$3\ 756\ 801\ 695\ 685 \times 2^{666\ 669}-1 \text{ 和 } 3\ 756\ 801\ 695\ 685 \times 2^{666\ 669}+1$$

它们每一个都有 200 700 个数位那么长!

我们认为存在无数对孪生素数,但还没有证明出来。虽然是这样,但在 2013 年,有一个直到那时还默默无闻,甚至有时需要去赛百味三明治店打工赚钱才能收支平衡的中年美籍华裔讲师张益唐,在这个问题上取得了巨大的突破,使我们向长时间怀疑的结论又走近了一步。

✎ **小测试:** 找出 1 到 100 之间的所有孪生素数。

答案在本书最后。

现在请看质数数列 3, 7, 11。这是一个由 3 个质数组成的等差为 4 的数列。

类似地,请看 5,11,17,23,29。这是一组由 5 个等差为 6 的质数组成的数列。

这里有一个很酷的知识:2004 年,澳大利亚数学天才特伦斯·道(Terence Tao)和他的同事本·格林(Ben Green)证明,不论你希望一个质数数列有多长,哪怕是包含一个无限大的数字,那么长的数列都真的存在。想想吧 —— 如果你想要一个 9 个质数的数列,它一定存在。17 个呢,它也在那儿。那么如果是 7 万亿个质数的数列呢? 虽然格林·道定理(Green-Tao Theorem)没法帮你找到具体的数列,它却着实可以证明那样长度的数列肯定存在!

依我拙见,这实在太棒了。

Cuarenta y tres 是西班牙语 43 的意思，大受欢迎的 Licor 43 酒就是以此命名的，它是由 43 种不同芳草和香料蒸馏而成的。

◎ 论素数

43 是最小的能用 $2,3,4,5$ 个不同质数之和表示的质数。

$43=41+2$

$43=11+13+19$

$43=2+11+13+17$

$43=3+5+7+11+17$

◎ 魔方（Rubik's Cube）

魔方也许是世界上最热销的 —— 对大多数数学家来说 —— 最酷的玩具了。大家普遍认同魔方是在 1974 年由匈牙利数学家厄尔诺·鲁比克（Ernö Rubik）发明的，大抵是为了教布达佩斯的室内设计专业的学生了解三维物体。但是就像很多其他伟大的发明一样，其他人也声称是他们首先产生这个想法，只是没有付诸行动罢了！

就像我们之前说的，大约一共有 43 百万、百万、百万个排列魔方的不同方式。精确一点地说，一共有 43 252 003 274 489 856 000 种方式！

要尝试了解到底有多少种魔方的排列方式，我们可以取一个标准的魔方（每边边长小于 6 厘米）并将它的所有可能排列方式找出来，然后用它们来覆盖地球，你将可以在地球表面堆叠 273 层。或者，如果你把它们首尾相接，你将会铺展到长达 261 光年。

◎ **非鸡块数**（Non-Mcnugget Number）

到现在为止，我们已经见识过很多重要的数了 —— 质数、斐波那契数列等。现在是时候做些有趣的事情了。

当麦当劳鸡块刚刚推出的时候，有一盒 6 块、一盒 9 块和一盒 20 块装三种。如果你热爱麦当劳鸡块的话，你可以定 6 个鸡块、12 个（2 盒 6 块装）、15 个（一盒 6 个，一盒 9 个）、18 个（2 盒 9 块装或 3 盒 6 块装）、20 块（1 盒 20 块装）等。

但如果你看看所有可能的选择，6、9、20 块装，你会发现不可能点正好 10 块鸡块。

然后你会发现想要点刚好 43 块鸡块也是不可能的。

然而我们一旦发现 44（20+4×6），45（5×9），46（2×20+6），47（20+9+3×6），48（8×6）和 49（2×20+9），就可以买到 44，45，46，47，48 和 49 块鸡块，且我们也可以买更多 6 块装的鸡块。

因此我们可以定 50 个（用 44 个加上 6 个）、51（45+6）个、52（46+6）个、53（47+6）个、54（48+6）个、55（49+6）个、56（44+6+6）个，以此类推。因为 44 到 49 是 6 个连续的鸡块数，而我们又有 6 块装作为一个选择，因此我们可以得到 44 以上的所有数。

因此，43 是最大的非鸡块数。一般来说，我们称 43 为 {6，9，20} 的弗罗贝尼乌斯数（Frobenius number）。

⊘ **小测试：** 找到所有非鸡块数。

答案在本书最后。

⊘ **小测试：** 找出 {4，9}，{5，8}，{6，7}，{4，7，12} 的弗罗贝尼乌斯数，如果你想要挑战的话，再找出 {12，16，20，27} 的弗罗贝尼乌斯数。

答案在本书最后。

44

◎ 容斥原理（Inclusion-Exclusion Principle）

昂（Ang）、布莱斯（Blaise）、尚特（Chantalle）和德拉甘（Dragan）四个人都要参加一个需要佩戴名字卡的派对。但他们都认为佩戴错误的名字卡来迷惑大家是一件很有趣的事情。那么让他们每个人都戴错误的名字卡的方式有几种呢？

要用蛮力算出答案并不难。如果我们用字母 A，B，C，D 表示四个人，那么正确的名字卡顺序是（A,B,C,D）。

如果我们将名字卡排成（D,C,A,B），那么没有一个人会拿到正确的名字。想要找出使所有 A，B，C，D 都不在正确位置的所有可能性，可以从把 B 名字卡给昂开始。

（B,A,D,C）是我们找到的一种方式，同样地，还有（B,D,A,C）和（B,C,D,A），以上就是让昂佩戴布莱斯的名字卡，且满足所有人的卡片都有误的全部 3 种可能情况。

而关于一共有 3 种让昂佩戴尚特的名字卡的方式，以及 3 种让昂假装是德拉甘的方式，我留给你们去证明。

因此一共有 9 种方式使他们全部佩戴错误的名字卡。

那么如果艾莉（Ellie）加入，而他们仍然想都佩戴错误的卡片呢？

对 5 个或以上的人数，存在太多不同的方式，以至于无法将它们一一列举出来。问题的答案来自数学中一个十分有用的定理：容斥原理。它被用来比较两个及以上的可能有重合的集合。

要用容斥定理解决这个问题，需要我们数出"错排数（derangement）"。错排就是当你把一些东西重新排列后，没有一个在原先的位置上。要计算这个数量我们可以用下面的公式：

$$d(n)=n! \times \left[1 - \frac{1}{1!} + \frac{1}{2!} - \frac{1}{3!} + \frac{1}{4!} + \cdots + \frac{(-1)^n}{n!} \right]$$

现在，别害怕！我把这个放到这本书中正是为了给你展示一些非常怪异的数学记法 —— 就像动画片中那个发疯的教授在解释她将如何毁灭世界时在黑板上写的东西 —— 事实上是十分无害的东西。我这就带你去看一看。

我们都知道在数字后的！代表什么，它就是个阶乘符号。4!=4×3×2×1。

所以我们这里需要做的就是令 $n=5$（那5个在派对中的人），然后将括号中的分数都加起来，一直到 $n=5$。

所以，在所有这些虚张声势之后，我们得到

$$d(5)=5! \times (1-\frac{1}{1!}+\frac{1}{2!}-\frac{1}{3!}+\frac{1}{4!}-\frac{1}{5!})$$
$$=120 \times (1-1+\frac{1}{2}-\frac{1}{6}+\frac{1}{24}-\frac{1}{120})$$

我们把所有分数通分，得到：

$$d(5)=120 \times (\frac{120}{120}-\frac{120}{120}+\frac{60}{120}-\frac{20}{120}+\frac{5}{120}-\frac{1}{120})$$
$$=120 \times (\frac{44}{120})$$
$$=44$$

因此一共有 44 种让 5 个人都佩戴错误名字卡的方式。

干得好！

这个定理是由杰出的法国数学家亚伯拉罕·德莫弗（Abraham de Moivre）发现的，他还帮助欧拉得到了这个恒等式：

$$e^{i\pi}+1=0$$

这个等式出现在这儿不是很合适，但它非常美妙，不过我们在这里先不解释。

现在，面对你心中的恶魔，试着做做这个。请用 $d(n)$ 的公式，证明 6 个人的情况下我们将得到 265 种方式，7 个人时则为 1854 种，而对于想要进行恶作剧的 8 个派对客人,将存在 14 833 种错排方法!

虽然我们的鼻腔中有惊人的 500 万个嗅觉细胞,但牧羊犬有 2.2 亿个,因此它们的嗅觉是我们的 44 倍。然而,我们中很少有人的嗅觉可以达到牧羊犬平均嗅觉的 44 倍。

◎ 巨大的质数

数学家热爱质数,并且早在千百年之前就知道质数不会停止,即有无数个质数。我关于这个话题的 TED 演讲可以在 http://bit. ly/1wbWfXs 上查找。

在第 31 章,我们接触到了巨大的质数 $2^{57\,885\,161}-1$,它大概有 1750 万个数位,就像我之前解释过的,如果将它打印出来,大概有 1.5 倍的《哈利·波特》全集那么长!

但在计算机发明之前,人们仅仅用笔和纸,或者用最基本的计算器做了惊人的计算。

1951 年,A. 费里叶(A. Ferrier)宣称,他仅用一个简易计算器证明了 $(2^{148}+1) \div 17$ 是一个质数。这个 44 位数字是:

20 988 936 657 440 586 486 151 264 256 610 222 593 863 921

这就是前计算机时代 "最大的质数" 了。

仅仅过了一个月,这时间短得实在有点可惜,数字 $180 \times (2^{127}-1)^2+1$(它有 79 位数那么长),被证明是质数。之后计算机检验质数时代开始了,到现在还在运行。

45

◎ 幸运球？

45 是一个在全世界很多彩票中都使用的数字，让我们来计算赢得大奖的可能性。

我们从抽数开始，然后再来看"能量球（power ball）"和其他。

假定在彩票中只有 1，2，3 和 4 个球，你得猜到 2 个正确的球才能赢得头奖。我知道这看上去并不难，这就是为什么他们用 45 个球，而不是 4 个。但如果你可以看懂其中的数学的话，为大奖热身也不是什么难事了。

一共有 12 种 2 个球可能出现的形式：

(1 2)，(1 3)，(1 4)，(2 1)，(2 3)，(2 4)，(3 1)，(3 2)，(3 4)，(4 1)，(4 2) 和 (4 3)。

但如果你选了 (2 3) 而结果是 (3 2)，你还是赢了。因此，事实上每 2 个球都有 2 个不同的出现方式，而结果是相同的。所以我们的 12 种不同结果减少到了以下 12÷2=6：

(1 2)，(1 3)，(1 4)，(2 3)，(2 4)，(3 4)。

从 45 个球中选 6 个会使数值增大，但本质上一共有：

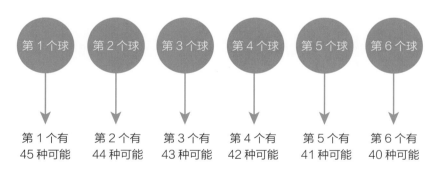

45×44×43×42×41×40 种 6 个球出现的可能性。

但是每一组 6 个球的组合都可能以 6×5×4×3×2×1 种不同形式出现，因此结果的可能性减少到了：

$$\frac{45 \times 44 \times 43 \times 42 \times 41 \times 40}{6 \times 5 \times 4 \times 3 \times 2 \times 1}$$

也就是 8 145 060 种可能性。因此赢得大奖的可能性是 $\frac{1}{8\,145\,060}$。

你也应该注意,像"正确猜测前 5 个数,然后正确提名第 6 个数,就获得能量球"这样看似无害的条件,事实上将可能性变成了惊人的 $\frac{1}{48\,870\,360}$。

祝你好运,你会需要它的。

◎ 连续数字

45 可以被写作 5 种形式的连续数字之和。举个例子,45=22+23 以及 45=5+6+7+8+9+10。

 小测试: 找出其他 3 种将 45 写作连续数字之和的形式。

答案在本书最后。

美国明尼苏达州(Minnesota)的一个实验室中有一个"消音室(anechoic chamber)",它是一个和所有声音隔绝的房间,也是世界上最安静的房间。有趣的是,人类在其中待的最长时间是 45 分钟。

平均成人体内有 45 升水、12 千克煤中含有的碳、2200 个火柴头中含有的磷、足够制成 25 毫米长钉子的铁、足够洗刷一个棚屋的石灰水。注意,它们中没有一项是可以容易、无痛且合法地从成人体内提取的。

◎ 卡普雷卡尔数（Kaprekar number）

45 是第 3 个卡普雷卡尔数。当你把一个 n 数位的数字平方后，将自右数第 n 个数位上的数字和自左数第 $n-1$ 个数位上的数字加起来，你将得到原先的数。例如：45^2=2025 且 20+25=45。

如果这个数的平方有奇数个数位，就按让它右边的数字长于左边的数字来分裂。因此 2223 是一个卡普雷卡尔数，因为 2223^2=4 941 729 而 494+1729=2223。

◎ **小测试：** 它们中的哪些是卡普雷卡尔数？

51, 55, 59, 91, 99, 103, 295, 297。答案在本书最后。

卡普雷卡尔数也可以定义为立方或更高次幂。

例如：45^3=91 125。将 91 125 分成 3 个部分，我们得到 9+11+25=45，因此 45 是一个三次幂的卡普雷卡尔数。

接下来猜猜 …… 噢不，还是继续吧，我直接告诉你：

45^4=4 100 625 而 45=4+10+06+25，因此 45 是一个四次幂的卡普雷卡尔数！它是唯一一个已知的（除了简单解 1 以外）平方、立方和四次幂都在卡普雷卡尔数列中的数。

◎ **小测试：** 第一个测试中哪个卡普雷卡尔数也恰好是四次幂的卡普雷卡尔数？答案在本书最后。

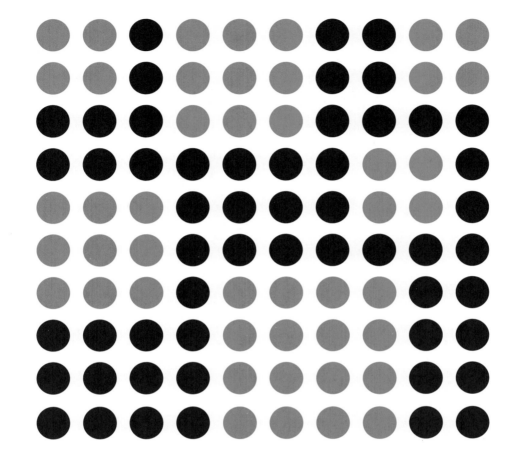

46

◎ 超级巨星

令人称奇的六角星包含了数字 1 到 19，且每一条线上 5 个数字加起来都等于 46。马丁·加德纳在他的著作《宇宙比黑莓更稠密吗?》中将它展示给我们。

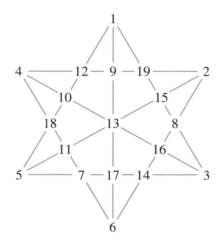

◎ 吟唱的圣经

很显然莎士比亚撰写了圣经。或者至少是一部分。

詹姆斯国王 (King James) 版的圣经在 1611 年完成。而在 1610 年，莎士比亚正好 46 岁。翻到《赞美诗 46》(*Psalm 46*)，数到第 46 个词，你会发现 shake 这个词，从最后倒数 46 个词，你会发现 spear 这个词。

停下来吧，伙计 —— 你把我吓呆了。1610 年，莎士比亚 46 岁，而从两头各数 46 个单词，在《赞美诗》中，就是 Shake-spear（莎士比亚）。

对很多人来说，这是詹姆斯国王雇用吟游诗人翻译他的圣经版本的清晰证据。对我来说，这就是数学家所说的 —— 一个巧合。由你来评判吧。

◎ 一年有多长?

这个问题你大概会回答"365 天"或者"365 或 366 天,取决于这一年是不是闰年(leap year)"。也许你甚至知道一个太阳年(solar year)(地球绕太阳完整运行一周的时间)大约为 365 天 5 小时 49 分 —— 我得强调那也只是近似的,并不是一直都有这么精确。

大约在公元前 700 年,罗马人使用的是一年 10 个月、355 天的日历。但对于农业社会,十分显然的是它比真实的时间少了 10 天,因此人为的四季不久就和真实的气候不同步了。为了解决这个问题,罗马牧师和贵族尝试了多种办法,通过时不时插入多余的月份来弥补流失的时日。

这个系统由于众多因素而不是十分成功:人们经常对于多余的月份何时结束困惑不已,而在节日和盛会来临之际瞎塞入一些日期也只能是权宜之计。并且,大人物自己也有更重要的事情要做 —— 我的意思是,如果你得从与克里奥帕特拉(Cleopatra)(译者注:此处指电影《埃及艳后》中的女主角,克里奥帕特拉七世)共度浪漫周末和决定二月是否需要再延长几天中选择,你会选哪个呢?

到了公元前 46 年,情况失去了控制,日历和太阳年相差了近 2 个月。恺撒(Caesar)一下子将问题全部修正了 —— 他给 2 月加了 23 天,又加了另外 2 个月,各为 33 天和 34 天,设在 11 月和 12 月中间。结果,公元前 46 年,恺撒口中的"ultimus annus confusionis(拉丁文,意为困惑的最后一年)",就是大多数罗马人所说的困惑之年(Year of Confusion),长达惊人的 445 天。

南极洲一共有 46 种鸟类,它们所有,我假定,都是十分强壮的生命体。

◎ 它还在欢呼呢

我们在第 27 章已经接触过雹石问题了,如果你能记起来的话(好吧,说实话,我不指望你能记得,你也许需要翻回去查一查,也是可以的)。你取 1 个数,如果它是偶数,就减半,如果是奇数,就乘以 3 然后加 1。不论你从什么数起始,你最终肯定得到 1。经历的中间步骤大相径庭。

对于数字 46,我们经过:

23,70,35,106,53,160,80,40,20,10,5,16,8,4,2,1 这 16 步得到 1。

你可以发现 44 和 45 都在 16 步之后变为 1。

但正当你觉得这里可能出现一些规律的时候,你会发现数字 47 上上下下跳动了很长时间,甚至飙到 9232 这么高,最终经过 104 步后变为 1。

47

◎ 坎宁安素数链（Cunningham Chain）

取数字 2，将它翻倍，然后加 1。你得到什么数？没错，5。

取数字 5，将它翻倍，然后加 1。你得到什么数？11？完全正确。

继续这样下去，对得到的 5 个数你有什么发现？

2，5，11，23，47—— 它们都是质数。

所以我们把数列 2，5，11，23，47 称为一个长度为 5 的坎宁安素数链。

请注意如果我们将 47 翻倍，然后加 1，得到 95，而 95 不是质数。

●**小测试**：有一个挺不错的长度为 6 的坎宁安素数链，组成它的数字都在 80 和 90 之间。请找出这个数列。

答案在本书最后。

◎ 乌拉姆数（Ulam number）

在第 41 章中我们已经遇见了伟大的美籍波兰人斯坦尼斯拉夫·乌拉姆。他的众多成就之一，就是他曾参与美国曼哈顿计划（Manhattan Project），即二次世界大战期间在新墨西哥的洛斯阿拉莫斯（Los Alamos in New Mexico）制造原子弹的运动。

47 是一个乌拉姆数，你永远猜不到它是以谁命名的。要得到乌拉姆数，我们先写下 1，2，3，以及其他只能以一种方式被表示为数列中其余两个数之和的数。1+3=4，我们将 4 加入数列中，但一旦我们有了 1，2，3，4，我们就把 5 排除在外，因为 5=4+1 且 5=2+3。因此乌拉姆数列是 1，2，3，4，6，8，11，13，16，18…

●**小测试**：找出所有 100 之内的乌拉姆数。

答案在本书最后。

◦ 47 根弦

小提琴有 4 根弦，标准吉他有 6 根（没有想冒犯贝斯吉他手以及爱把弦翻倍成 12 根的人的意思）。钢琴大约有 230 根弦，取决于型号和某些个音由 2 根还是 3 根弦支持 —— 大多数琴键和 3 根弦相连。

但你不需要一百多根弦才能演奏出美妙的音乐。中国的二胡只有 2 根弦。乌得琴（oud），这种美丽的土耳其乐器，被我的朋友约瑟夫·塔瓦德罗斯（Joseph Tawadros）（他是世界上最优秀的乌得琴手之一）演奏得出神入化，它有 11 根弦 ——5 对弦以及 1 根低音弦。

那么竖琴（harp）有几根弦呢？这个看似简单问题的答案其实有些复杂。本质上来说，它取决于当地的文化和竖琴的类型。

一架阿富汗卡菲尔竖琴（Kafir harp）只有 4 到 5 根弦，而各种泰米尔雅尔竖琴（Tamli yaal harp）则有 7 到 21 根弦。巴拉圭国家乐器，对，就是竖琴，有 32，36，38，40，42 或 46 根弦。

西方室内乐团的踏板竖琴和音乐会用竖琴都有 46 根弦（当然了，除了那些有 47 根弦的）。

◎ 基思数（Keith number）

我们已经接触过斐波那契数列（见第 3, 8, 13, 19 章）。好吧，美国工程师麦克·基思（Mike Keith）以他自己的名字命名了一组和斐波那契数列性质相似的数列。哈，什么？请暂且相信我。

要知道一个 n 个数位的数字是否是基思数，可以写下一个数列，从第 n 个数位上的数开始，要得到下一项，需将前 n 项相加。

举个例子，197 是一个三位数，因此我们形成这样的数列：

$1, 9, 7, 17(1+9+7), 33(9+7+17), 57(7+17+33), 107, 197\cdots$

因为 197 在它自己的数列中出现，因此 197 是一个基思数。

它们十分罕见，但如果你有兴趣，那为什么不试试呢……

✐ **小测试：** 证明 47 是一个基思数，并找出所有小于 100 的基思数。提示：2 个在 10 和 20 之间，1 个在 25 到 30 之间，1 个在 60 和 70 之间，1 个在 70 和 80 之间。答案在本书最后。

◎ 1 个三角形中的 47 个三角形

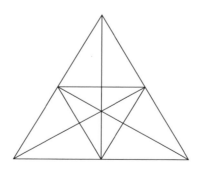

在这个较大三角形中有 47 个较小三角形。也许你应该直接相信我，但你也可以找出它们，这可能会花去你生命中几小时的时间，你可没法拿回它们。

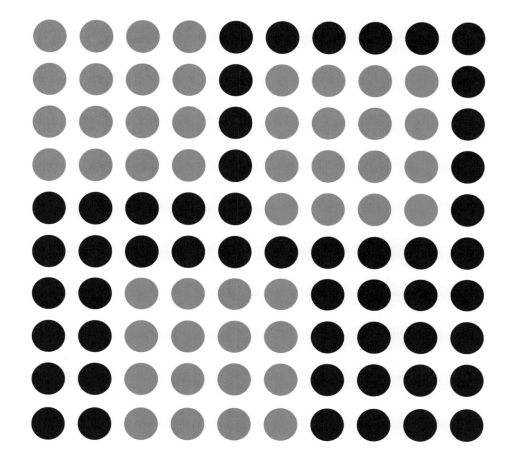

48

◎ 了不起的小斜方截半立方体

（rhombicuboctahedron）

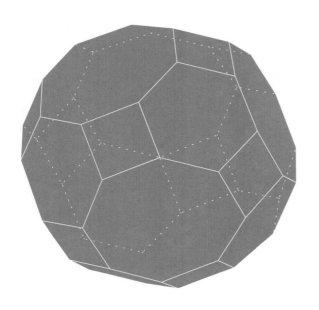

它有 26 个面，48 个顶点和 72 条棱。经验证，欧拉定理 $V+F-E=2$ 适用于这个阿基米德多面体。

试着观察它被平摊铺展开的形状，这也是十分惊人的。

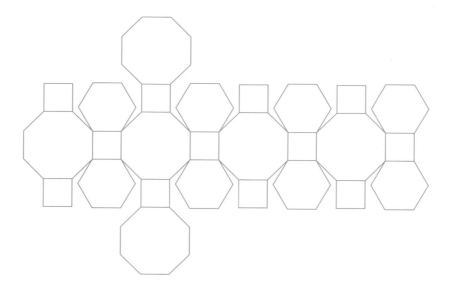

48 个小时

在 1982 年（并不那么）经典的电影《48 小时》（*48 Hours*）中，艾迪·墨菲（Eddie Murphy）在各种出镜中说了 48 次脏话。

说到 48 小时

查理·希恩（Charlie Sheen）最令人难忘的荧幕形象之一是《春天不是读书天》（*Ferris Bueller's Day Off*）中警察局里的吸毒者。为了饰演这个角色，他两天两夜没有睡觉。查理·希恩的一生中有很多次保持连续 48 小时不睡，但这是他唯一一次为了艺术而牺牲。

马铃薯

马铃薯有 48 条染色体（chromosome），比人类多了 2 条。这也在告诉你，基因是一个开端，但它们不是全部。

48 是一个盈数（见第 12 章）、高度合数（见第 36 章），还是哈士德（Harshad）数（你会在第 84 章看到 —— 我等不及了，你呢？）

◎ 幸福的生活

48 和 75 已经"订婚（betrothed）"了。这对欢乐的新人有缘牵手是因为 48 的因数是 1，2，3，4，6，8，12，16，24 和 48。48 所有因数之和，除了 1 和它本身，是 2+3+4+6+8+12+16+24=75。而 75 的所有因数之和，除了 1 和它本身，你猜猜是多少？是 48。太可爱了！

● **小测试：** 下面哪对数字也"订婚"了？84 和 88，140 和 195，108 和 171，1575 和 1648。答案在本书最后。

○ 你喊 Awari, 我喊 Oware

西非播棋(Oware, 有时也叫 Awari), 是一个非常简单却令人上瘾的棋盘游戏, 它在西非和加勒比地区十分流行。第一个教会我这个游戏的是一个来自加纳的朋友, 在那里它是国家级游戏。这是一个很好的学习数学的方式, 当有人在公共场所对弈的时候, 围观者被鼓励向双方提建议。

就像很多出色的游戏一样, 它十分容易上手, 但要做到精通却非常不易。

一开始共有 48 颗种子, 2 名玩家各 24 颗, 6 间"房子"里每间有 4 颗种子。要移动的话, 你只需从你的其中一个房子里捡起所有种子, 然后将它们按照棋盘逆时针的顺序一个房子一颗地"种"起来。

当你的最后一颗种子种在对方的房子里, 而他的房子中只有 1 或 2 颗种子, 那么你就得到房子中所有的种子。如果倒数第二个房子中也只有 1 或 2 颗种子, 那么你可以将那个房子里的种子也收下, 以此类推。首先取得 25 颗种子的玩家获胜。

2002 年, 数学家用计算机展示了当两个完美的玩家对弈西非播棋时, 结果一定是平局。但如果先走的玩家没有清空离他对手最近的房子(第 6 个房子), 那么一个"完美的"对手就会打败他。

谢天谢地, 人类并不完美, 因此西非播棋还是极其有趣的。

相信我, 如果你有机会玩这个游戏, 你应该尝试 —— 它棒呆了。

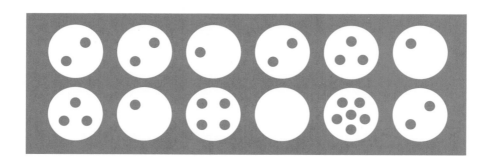

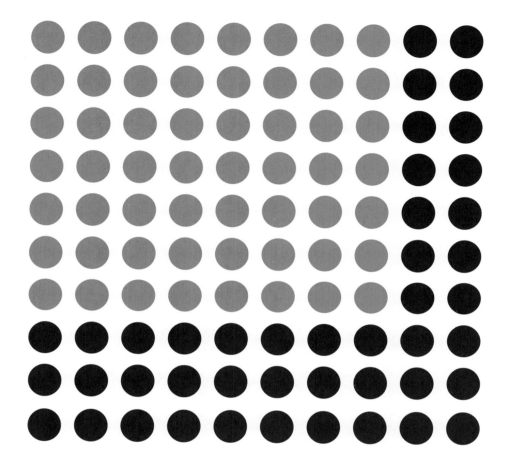

49

◎ 扭　结

扭结理论（knot theory）在数学中属于"拓扑学（topology）"的范畴。拓扑学研究的其中一件事就是一个形状是否可以被弯曲或延展为另一个形状，且没有被撕裂或黏合。哈？

对一个拓扑学家来说，一个西瓜和一颗筛子本质上是相同的。它们都以三维的形式存在，能让一只蚂蚁一路爬遍整个表面，且中间没有洞。

但对一个拓扑学家来说，一只橘子和一个甜甜圈本质上是不同的。甜甜圈中间的那个洞意味着你虽然可以将一个球形弯曲拉伸成一个立方体，但你永远不能将这个球形变成一个甜甜圈，除非你把它的表面撕裂或者给它穿个洞。

扭结理论观察研究我们称之为"扭结"的数学物体。想象你拿起一根绳子，让它围绕自身缠绕，可能再穿过几个圈，然后把两端连起来，就是"扭结"体啦。数学家喜欢观察不同的扭结，它们看上去好像一样，但数学家要知道它们本质上是否真的一样。

最简单的扭结严格上来说是"无扭结（unknot）"——它就像图1中的一样。

图 1

图 2

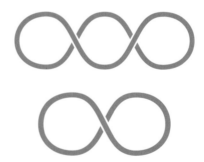

图 3

图 4

第一个有趣(不是平凡解)的扭结是"三叶形扭结(trefoil knot)"。它有 3 个交叉(crossing)(见图 2)。

两件需要注意的事情是：首先，没有扭结只有 1 个或 2 个交叉。类似图 3 中的扭结可以被扭成一个无扭结，且不需要任何裁剪或粘合。因此，仅仅对拓扑学家而言 —— 嘿，别笑，我的几个最好的朋友就是扭结理论家 —— 看上去有 1 或 2 个交叉的扭结其实是无扭结。第二件事情是只有一个三叶形扭结。这是因为这个扭结(图 4)是图 5 中扭结的镜面反射图案。

当交叉数量增多时，事情就越来越有意思了。4 个交叉只有一种可能的扭结，如图 6。但对于 5 个交叉，就有两个不同的扭结(见图 7)。你不能通过滑动或缠绕在两者间变换。

这之后，事情变得有点儿快。6 个交叉有 3 种扭结，7 个交叉有 7 个扭结，8 个交叉有 21 个扭结，9 个交叉有 49 个扭结(它的例子在图 8 中)。

到了数 10 个交叉的扭结数量时，已经有 165 个了，谢天谢地，这远远超出了这本书要介绍的范畴了。

2000 年 9 月 25 日，在 112 524 个人面前，凯茜·费里曼(Cathy Freeman)拼命跑了 49.11 秒，成为悉尼奥运会女子 400 米决赛的冠军。

图 5

图 6

图 7

图 8

◎ 为 49 喝彩

49 是一个完全平方数：7×7=49。事实上，它的两个数位上的数字，4 和 9 都是平方数，它们的乘积也是：4×9=36。

说到 49 和平方这个话题，观察和学习下面的等式，然后让你的朋友大吃一惊。

7×7=49

67×67=4489

667×667=444 889

6667×6667=44 448 889。你看出规律了吗？

◈ **小测试：** $666\,667^2$ 是多少？答案在本书最后。

◎ 利比亚（Libya）

2011 年 9 月，联合国承认非洲国家"利比亚"，但它在近几年才被给予"大阿拉伯利比亚人民社会主义民众国（Great Socialist People's Libyan Arab Jamahiriya）"这个名字。如果你觉得它拗口的话，在阿拉伯语中，它是 al-Jamāhīriyyah al-'Arabiyyah al-Lībiyyah ash-Sha'biyyah al-Ishtirākiyyah al-'Uzmá。

它由 68 个字母组成，是世界国家中名字最长的。这个头衔现在超过了阿尔及利亚（Algeria），它的官方名是 Jumhuriyah al Jaza'iriyah ad Dimuqratiyah ash Sha'biyah，由 49 个字母组成，正好打败了大不列颠及北爱尔兰联合王国（The United Kingdom of Great Britain and Northern Ireland）。

50

50 是可以用两种不同的方法表示成两个平方数的和的最小数字。所以 $5^2+5^2=50$ 且 $7^2+1^2=50$（注意，在这里我们忽略 $25=3^2+4^2=0^2+5^2$ 的例子）。

我们能容易地计算出结果。在这一节，我们将了解它的"几何意义"。

小测试： 下一个能用两种不同方法表示成两个平方数之和的数字是什么？

[提 示] 　 这个数小于 100。

答案在本书最后。

◎ 来了！

有一种著名的"魔法"，它经常被在互联网上传播，使人们大吃一惊。我知道原因所在，因为我经常收到的电子邮件会告诉我说："嗨，我知道你做过一些数学研究 …… 拜托你能解释一下这究竟是怎么一回事吗？这真叫我心惊胆战！"

以下是 2015 年版的"魔法"：

想象一个数字，然后乘以 2。

再加上 5。

再乘以 50。

如果你今年已经过了生日，那就加上 1765，如果你今年还没有过生日，那就加上 1764。

现在，减去你出生的年份。

你留下的数字就是由你想象的数字和你的年龄组成的！

现在就自己试一试，准备大吃一惊吧！

其实，不难看出这里发生了什么。

让我们从任意数字 X 开始，并且假设你已经在 2015 年度过了你的生日。

乘以 2：得到 2X，

加上 5：得到 2X+5，

乘以 50：得到 $50\times(2X+5)=100X+250$，

加上 1765：得到 $100X+250+1765=100X+2015$，

减去你出生时的年份：得到 $100X+2015-$（你出生时的年份）。

如果你是在 2015 年做这件事情，那么"2015 减去你出生时的年份"就意味着是你的年龄！

如果你是 29 岁，并且你选择数字 8，我们就有 $100\times8+29=829$。

如果你是 16 岁，并且选择数字 39，我们就有 $100\times39+16=3916$。

结果总是会出现你选择的数字和你的年龄。这不是魔术，只是数字和谜题的步骤都被精心选择，彼此抵消，留下你最初选择的数字和你的年龄。

如果有人要召唤魔法，那么关注这句话会更顺利："如果你今年的生日已过就减去 1765，否则就减去 1764。"这应该会为解决问题提供一些启示。

◎ 透视几何

这里会介绍用简洁的几何图形显示 $50=5^2+5^2=7^2+1^2$ 的方法。

让我们用正方形填充一个圆。

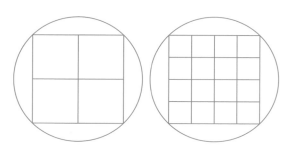

在这两种情况下,我都无法在圆中再放一个正方形。但是,当我把一个 5×5 的正方形放在一个圆里时,事实上我可以再挤出 4 个正方形的空间。

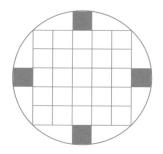

因为我们知道下图这两个圆直径相等,我们的老朋友毕达哥拉斯告诉我们 $5^2+5^2=7^2+1^2=50$。

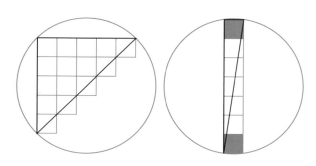

51

◎ 你可以处理证据！

数字 51 能被 3 整除：51=3×17。

这本身并不是那么神奇，但是根据我的经验，当你请某人列出质数时，51 经常会被弄错。这是可以理解的，因为它不会出现在你从学校学到的乘法表中，乘法表通常只包含 12 以内，包括 12 的运算。但是我们确实很容易判断一个数能否被 3 整除。我们已经在第 3 章中提到了如何做到这一点。如果一个数的各位数字之和能被 3 整除，那么这个数本身就能被 3 整除。

回到第 3 章，那个时候我们彼此刚刚相识，我不想把你们吓跑了，所以我只呈现了事实本身给你们，但是现在你们已到达第 51 章，我认为你们能掌握证明方法了。

要明白为什么这是正确的，你需要记住为什么我们用现今所采用的方式计数。

例如：762 可以写成 762=100×7+10×6+2，因为它有 7 个 100，6 个 10，2 个 1。由此，3 位数字的数 ABC=100A+10B+C。

显然，9×B 能被 3 整除是因为 9 能被 3 整除，99×A 能被 3 整除是因为 99 能被 3 整除。同理，如果我们把一组都能被 3 整除的数加在一起，其结果也同样可以被 3 整除。

让我们假设 A+B+C 能被 3 整除。那么 (A+B+C)+9×B+99×A 能被 3 整除，因为它是由三个都能被 3 整除的部分相加而成的。

而 (A+B+C)+9×B+99×A=100A+10B+C=ABC。所以，如果 A+B+C 能被 3 整除，那么三位数 ABC 就能被 3 整除。好了，去试试，你能行！

当事物的每一次增长是原来的两倍、三倍或四倍……，我们称之为指数增长，其速度之快常常令人眩晕。

如果你能将一张长方形纸片折叠 51 次，那么这个长方形将会变得非常小，但是它的厚度将会变成原来的 2^{51} 倍，或者说超过 2 250 000 000 000 000 倍，并且会延伸到太阳之外。

喀戎（Chiron），也就是官方所称的"小行星2060喀戎（Minor Planet 2060 Chiron）"，于1895年首次被发现位于土星和天王星之间，每51年绕太阳公转一周。1979年，喀戎最近被归类于"半人马座（centaurs）"。

◦ 小大师

印度的萨钦·拉梅什·滕杜尔卡（Sachin Ramesh Tendulkar）是板球对抗赛历史上最伟大的击球手之一，也被称为"小大师"。

萨钦首次在板球对抗赛中登台时年仅16岁，在他参加的200场国际板球锦标赛中，他难以置信地打破了51场的赛季记录——从1990年8月对阵英格兰的119分不出局，到2011年1月的对阵南非的146分。

这期间，他以出色的241个球，而不是436个球，击败了澳大利亚队，他在613分钟内完成了这一切——2004年，我十分有幸在悉尼板球场上观看了比赛。

◦ 停，泡泡时光。

泡泡糖吹出的最大泡泡直径接近51厘米。这个记录是由查德·费尔（Chad Fell）在2004年4月24日，于美国亚拉巴马州的双泉高中创造的。漂亮！好家伙！

现在，在任何一个查德·费尔的粉丝试图抓住我之前，我应该指出，这一页的背景照片不是费尔先生和他的泡泡世界纪录照片。

203

20 世纪 60 年代，间谍片《糊涂侦探》（*Get Smart*）的主要看点就是隐藏电话。

在 139 集的剧中一共出现了 51 部隐藏的电话。

除了他的鞋子电话外，马克斯还使用了以下的电话：

- 住址名册电话
- 斧头电话
- 气球电话
- 皮带电话
- 公文包电话
- 本森一次性手机

东·亚当斯（Don Adams）使用他著名的鞋子手机。
来源：维基百科

- 汽车散热器电话
- 时钟电话
- 梳子电话
- 小型电话
- 戴西手机
- 驴鞋电话
- 甜甜圈电话
- 眼镜电话
- 指甲电话
- 壁炉电话
- 冷冻电话
- 吊袜带电话
- 高尔夫球鞋电话
- 枪支电话
- 吹风机电话
- 手帕电话
- 床头板电话
- 大灯电话
- 软管电话
- 通往白宫的热线
- 消防栓电话
- 冰激凌甜筒电话

- 夹克衫套筒电话
- 较轻的电话
- 长角手机
- 杂志电话
- 显微镜电话
- 普通电话中的微型电话
- 木乃伊电话
- 特工 99 号的肖像电话
- 香水喷雾电话
- 电话
- 植物电话
- 三明治电话
- 牧羊人的员工电话
- 袜子电话
- 方向盘电话
- 试管电话
- 热水瓶电话
- 微型电话
- 打领带的电话
- 钱包电话
- 手表电话
- 水餐厅电话

52

不管你把一个 15 个正方形的拼图拼得有多混乱（参阅第 15 章），最多移动 52 步就能解决。

钢琴有 88 个键，但黑键和白键并不是各为 44 个，其中白键有 52 个而黑键只有 36 个。因为每一个八度里，当白键从 A 到 G 时，B 和 C 之间没有黑键，E 和 F 之间也没有黑键。

◎ 不可及

52 是一个不可及数（untouchable number），也就是说它绝不是任何其他数字的质因数之和。这意味着什么？

你看，38 的质因数是 1，2 和 19，

而 1+2+19=22。

所以 "22 是 38 的质因数的和"。

所以 22 不是一个不可及数。

类似地，60 的因数是 1，2，3，4，5，6，10，12，15，20 和 30，

而 1+2+3+4+5+6+10+12+15+20+30=108

所以 108 也不是一个不可及数。

但是，没有一个数将其质因数罗列并相加等于 52，这使得 52 为不可及数。100 以内这样的不可及数的数还有 2，5，88 和 96。

我们知道有无数个不可及数存在，但是除了 5 以外，是否还有其他的奇数不可及数的存在，这仍然是一个悬而未决的问题。

在西方，标准的纸牌有 52 张，不包括小丑牌。这些纸牌是根据塔罗牌（tarot deck）上的 56 张编号卡片改编而成，在中世纪的意大利很流行。纸牌

面的设计最初是法式的，黑桃代表着派克（法语为 piques），梅花代表法国的三叶草标记。背部的设计差别很大，从标准的印刷图案到威士忌制造商通过一些非常低级的色情照片做的广告。我强烈建议你在说出"奶奶，生日快乐！"的短语之前，请你务必检查纸牌背面任何可能的潜在"炸弹"。

而且根据纪录，用一副标准的 52 张纸牌，你可以打出：

80 658 175 170 943 878 571 660 636 856 403 766 975 289 505 440 883 277-824 000 000 000 000 种方式。

◎ 捡起 52

每一个 8 岁的孩子都曾有过这样的开心一刻：拿着一副纸牌问朋友"嗨，想玩我今天在学校学的这个很酷的游戏吗？"

朋友："当然，那叫什么？"

你："捡起 52。"

朋友："怎么玩？"

你："瞧，一副纸牌有 52 张。"将牌直接扔在地上，然后把它们"捡"起来。哈哈哈哈哈哈哈哈哈哈！

朋友："真无聊。"

然后，这个游戏被双方搁置了几十年，直到其中一个做了父亲，然后在他们的一个孩子身上试用，这个传统才得以重生。

◎ 贝尔数（Bell Number）

思考一个问题：如果你有 3 部不同颜色的手机，分别是红色（Red）、白色（White）和紫色（Purple），你有多少种方法可以把它们分成不同的组？

有 5 种方式。将红色、白色组合在一起，紫色单独放置，记作（RW）（P），这样就有（RP）（W），（WP）（R）；还可以是 3 部手机的大组合（RWP）；或者我们把这 3 部手机分成单独的组（R）（W）（P）。

更深入地从数学的角度来看，我们可以说："有 5 种方法可以将 3 个可区分的对象排列成非空集合"。

埃里克·坦普尔·贝尔（Eric Temple Bell）经常想到这类东西（物品和设备，而不是手机。因为他死于 1960 年，可怜的家伙甚至从来都没见过录像机，更不用说移动设备了。录像机是啥？问问你的父母）。

值得庆幸的是，随着可区分对象的数量越来越多，我们不需要逐一找出所有的方法。仅仅 7 部手机就可以被分为 877 种。换一个视角，贝尔数可以从这个简洁的小三角形中读出：

$$
\begin{array}{ccccc}
 & & & 1 & & & & \\
 & & & 1 & & 2 & & \\
 & & 2 & & 3 & & 5 & \\
 & 5 & & 7 & & 10 & & 15 \\
15 & & 20 & & 27 & & 37 & & 52 \\
52\cdots & & & & & & &
\end{array}
$$

每一行都以下一个贝尔数开始 —— 也就是前一行末尾的数字。要得到下一个数字，把当前数字加上它上方的数字，写在其右边。继续，直到……你有更好的事要做。

所以 52 是第五个贝尔数，或者说有 52 种方法来将 5 个对象分组。

✍ **小测试：**上面的表格告诉我们，第四个贝尔数是 15。找出将 4 个对象 A，B，C 和 D 排列成非空集合的 15 种方法。*答案在本书最后。*

53

◎ 一个问题

回答这个问题:"找一个最小的正数,当它除以 3 时,余数为 2,当它除以 5 时,余数为 3,当除以 7 时,余数为 4。"

来吧,让我们试一试。如果你想自己做大部分的工作,那就把它写在纸上,而且一次只读一行。

我们将从第三个条件开始。什么样的数除以 7 余数是 4?显然 4 就是,11 也可以,因为 11 等于 7+4,18 也是,因为它等于 14+4。

规则很清晰:除以 7 余数为 4 的数,必须是 7 乘以某个数加 4。可以写出一个很酷的公式,假设这个数是 x,那么 $x=7k+4$,这里的 k 是一个整数。

我们需要满足的其他规则是 $x=5m+3$ 和 $x=3p+2$,其中 m 和 p 均为整数。(你可以用 k, m, p 或者任何你想到的字母。我们只是为每个方程选择了不同的字母,所以这并不意味着 k, m, p 必须是相同的数。只是 x 必须一致。)

好,让我们全力以赴来解决这个棘手的问题。$x=7k+4$ 的解为:

$$x=4,11,18,25,32,39,46,53,60,67,74,88,95\cdots$$

写出 $x=5m+3$ 的前几个解,你会发现只有 3 个数字同时符合这两条规则。这些数字分别是 18,53 和 88。

同样再检验第三条规则,将这几个数字中的每一个都除以 3,看看得到的余数是多少。不出所料,根据给定材料,满足所有 3 个规则的最小正数就是 53。

土星的 62 颗卫星中 53 颗**有名字**。

土星的 7 个主要卫星是土卫一（Mimas），土卫二（Enceladus），土卫三（Tethys），土卫四（Dione），土卫五（Rhea），土卫六（Titan）和土卫八（Iapetus）。

◎ 你,我和 53

53 是它左右两边连续 5 个整数都为合数的最小质数: 48, 49, 50, 51, 52 都不是质数,54,55,56,57,58 也不是质数。

◉ **小测试:** 找出 100 以内唯一的另一个具有如此特性的数字。

答案在本书后。

数字 53 也是一个"自我数(self number)"(参阅第 75 章),当然, $53=2^2+7^2=1^2+4^2+6^2$。

◎ 索菲热尔曼素数(Sophie Germain Prime)

53 是质数。事实上,它是一个索菲热耳曼素数(参阅第 89 章关于索菲的生平)。

如果把前 53 个质数加起来就得到 5830。如果你愿意,那就让自己相信吧,但是请记住 1 不是质数。

由于 5830=53×110,所以前 53 个质数的和可以被 53 整除。

这并不常见。

◉ **小测试:** 除了 1 和 53,在 100 以内,找到唯一的另一个数字 n,使得前 n 个质数的和可以被 n 整除。重大提示:它是质数,且是以 2 开头的两位数。

答案在本书最后。

54

盈数（abundant number）

54 是一个盈数。

如果你需要复习的话，请参阅第 12 章。

54 工作室（Studio 54）

最有名的迪斯科舞厅或许就是 54 工作室，它位于纽约市中心的曼哈顿区西 54 街 254 号。在舞池上方，灯火闪亮辉煌。欢迎来到 20 世纪 70 年代。

扎卡的震撼

1824 年出生于德国的扎卡里亚斯·戴斯（Zacharias Dase），是一个神奇的人类计算器，他曾经计算出

$79\,532\,853 \times 93\,758\,479$

$= 7\,456\,879\,327\,810\,587$，

只用了 54 秒钟。

◎ 通用二次型 (Universal Quadratic Form)

绝对顶尖的数学家拉格朗日（Lagrange，出生于意大利，但大量报道称他的大部分工作都是在法国进行的，那是他的另一个暖巢）表明任何正整数都可以写成 4 个平方数的和。

例如：$9=0^2+1^2+2^2+2^2$，$47=1^2+1^2+3^2+6^2$，$157=0^2+2^2+3^2+12^2$，以此类推。

也就是说对于某些选定的整数 w, x, y 和 z，所有的正整数都能写成 $w^2+x^2+y^2+z^2$ 的形式。

之后又证明所有的正整数都能写成 $w^2+2x^2+3y^2+4z^2$ 的形式。

如此，$9=0^2+2\times1^2+3\times1^2+4\times1^2$，$47=3^2+2\times1^2+3\times0^2+4\times3^2$，$157=1^2+2\times0^2+3\times2^2+4\times6^2$。

或者如 $w^2+2x^2+5y^2+8z^2\cdots$

这些 w^2, x^2, y^2 和 z^2 的组合就是"二次型"的例子，而才华横溢的拉马努金表明，事实上像这样的通用二次型有 54 个。

214

◎ **快速的手指**

魔方上有 54 个贴纸。是的,剥掉它们,然后再把它们贴回去,就是作弊。

即使你坚持要摆弄这些贴纸,你也不可能像神奇的澳大利亚青少年魔方玩家菲利克斯·曾姆丹格斯(Feliks Zemdegs)那样神速地玩转魔方。菲利克斯 15 岁的时候,就创造了 12 项难以置信的世界纪录,包括 3 阶、4 阶、5 阶以及 4 阶魔方盲拧的记录。

他以 9.03 秒的成绩保持着单手解决魔方的世界纪录。

在 2011 年墨尔本公开赛上,菲利克斯创造了个人最好成绩,之后又创造了 5.66 秒的世界纪录 …… 是的,没错,5.66 秒就能搞定一个杂乱无章的魔方。

2013 年,在比利时的埃因霍温(Zonhoven)公开赛上,马茨·瓦尔克(Mats Valk)以 5.55 秒的成绩打破了菲利克斯的纪录。但是我见过菲利克斯,他太棒了,所以我真心想要把他写进这本书里。

另一件令我深感兴趣的事情是,澳大利亚魔方爱好者仿照澳大利亚的赛马公共假日,即墨尔本杯日,也设立了一年一度的墨尔本魔方日。可惜我几乎不太可能成为澳大利亚总理,否则我会立即宣布墨尔本魔方日为公众假日(这也是我永远不会成为总理的众多原因之一)。

但并不是只有人类在以惊人的速度解决魔方的问题。在你去网上搜索"猫咪玩魔方"之前,先等一会儿。先搜索"Cubestormer"—— 一个由戴维·吉尔德(David Gilday)和迈克·多布森(Mike Dobson)设计的机器人,它使用了乐高 Mindstorms 定制的机器人套件和三星 Galaxy S4 打造的机器人。

在 2014 年 3 月的伯明翰大爆炸博览会(Birmingham Big Bang Fair)上,机器人 Cubestormer 3 解决了一个魔方问题,用时 …… 嗯,稍等 …… 你真的需要坐下来等了 …… 哇哦!3.253 秒。

◎ 感受半完美（semiperfect）

我们已经在第 6 章和第 28 章中看到了完美的数字。如果一个数等于除它自己之外的所有因数之和，那么它就是完美数。瞧，28 的因数是 1,2,4,7,14 和 28，而 1+2+4+7+14=28，所以，28 就是一个完美数。

如果一个数等于它的一些因数的和而不是所有因数的和，这个数就叫作"半完美数"。事实证明，一个完美或半完美的数字的倍数都是半完美数。

好，因为我们知道 6 是完美数，而 54=9×6，因此我们知道 54 是半完美数。实际上，54 的因数是 1,2,3,6,9,18,27 和 54,54 可以写成它的一些因数的和，也就是 54=3+6+18+27。

不必不满，54 作为半完美数也不坏。这比我们大多数人离完美都要近得多啦。

◎ 利兰质数（Leyland prime）

54 可以写成 $54=3^3+3^3$ 的形式，这使它成为一个利兰质数，即可以写成 x^y+y^x 的形式，其中 x 和 y 均为大于 1 的整数的质数。在 100 以内的利兰质数有 8,17,32,54,57 和 100。你可能会想要将其写成 x^y+y^x 的形式，当然，你也许并不想这样做。

◎ 你希望……

在标准的72杆高尔夫球场上，球手在每一个球洞上都打出了小鸟球（低于标准杆 1 杆的成绩），也就是打出 54 杆，会被认为是一个完美的成绩。事实上，在职业高尔夫球赛中，还没有人能打出低于 58 杆的成绩，这证明那是一个相当苛刻的完美主义要求。

🖉 **小测试**：54是能用三种不同的方式写成三个数的平方和形式的最小数字。每种方式中的三个平方数不必各不相同。试着找出这三种方式。*答案在本书最后。*

55

◎ 锥体球（Pyramidal ball）

试着把一堆网球堆起来，使得每一层都是一个正方形。

相当困难，对不对？但是如果可以的话，最上面一层有 1 个球，第二层 4 个球，第三层 9 个球，然后 16 个，以此类推。球的总数是四方锥数：1，5，14，30，55⋯55 是第五层的四方锥数。

◎ **小测试：** 55 以后接下来的 3 个四方锥数分别是什么？答案在本书最后。

◎ 我最喜欢的三角形、卡普雷卡、四方锥、斐波那契数

55 是第 10 个斐波那契数，也是第 4 个卡普雷卡数（见第 45 章），还是从 1 到 10 所有数字的总和。即 1+2+3+4+5+6+7+8+9+10=55。

这使得 55 成为第 10 个三角形数。如果你真想吓唬人，你可以问："你最喜欢的三角形、卡普雷卡、四方锥、斐波那契数是什么？我想应该是 55。"如果他们说出其他的数字，他们就是在虚张声势！除了 1，数字 55 是唯一的例子。

◎ 不同的平方数

一旦超过 128，每个数字都可以写成"不同的平方数"的和。例如：$135=1^2+3^2+5^2+6^2+8^2$。

对于较小的数，这是很难做到的，因为你没有尽可能多的平方数可以使用。事实上，从 1 到 100 的数字中有 28 个不能写成不同的平方数的数：

2,3,6,7,8,11,12,15,18,19,22,23,24,27,28,31,32,33,43,44,47,48,60,67,72,76,92,96

数字 65 有一个非常可爱的属性，它和不同的平方数有关，要不了多久你就会看到了，但在这之前，让我们先看看小测试。

✐ **小测试：** 在 100 以内的数字中，只有 55 和 88 可以写成 4 个以上不同的平方数的和。请将 55 和 88 写成不同的平方数的和。

答案在本书最后。

Edwin Sharpe and the magnetic zeros 1 Direction KRS-ONE 1 Gia
Leap One day as a Lion Check 1-2 Player One Konono No1 Bell X1 S
2 Unlimited U2 2Pac 2 Litre Dolby 2 Door Cinema Club BoyzIIMen 2 li
crew 2 in a room H2O Sister2Sister Reel 2 Reel US3 3OH3 Alabama 3 T
Dirty Three 3 Dog Night 3 The Hard Way Timbuk 3 Spaceman 3 FunB
3 3 days grace 3 doors down 3 Colours red 3 mile smile 3rd eye bli
Mojave 3 Three degrees Opus 3 Thane Russal and Three Steve Wynn a
the Miracle 3 4 Non Blondes AC 4 The Klein 4 Mega City 4 4 Tops Fc
Tet The 4 Kinsmen 4PM Dillinger four Gang of four Cosmo4 LAB4 U
Four plus Two Jurassic 5 Maroon 5 MC5 5 Finger Death Punch Ben Fol
5 5 Star 5ive Jackson 5 5 SOS Dave Clark 5 The 5,6, 7,8s 5 for fighti
Hi5 Pizzicato Five Count 5 Grandmaster Flash and the Furious 5 Deadma
Louis Armstrong and his Hot Five BR5-49 Five man Electrical band S
King and the Five Strings Five Mile Town Delta 5 Category 5 The Sugarm
5 Electric Six 6 feet under Six Finger Satellite 6 and out Six foot hick T
Scaramanga 6 Sixpence none the richer Appolonia 6 Vanity 6 slant 6 Bl
Six Area 7 Zero 7 S Club 7 Shed 7 Level 7 L7 Avenged 7 fold The M
Weinberg 7 7dust 7of9 7Mary3 School of Seven Bells Louis Armstro
and his Hot Seven 8 Foot Sativa Eighth wonder Sk8 or die Alter8 dv8 T
Hot 8 Brass Band Butter 08 Club 8 Grade 8 Lisa Loeb and 9 Stories Ni
Inch Nails Buck oh 9 Radio 9 STS9 Gichy Dan's Beechwood #9 10C
10 Years After 10 Minute Warning 10 Outta 10 10 Tenors Finger Elev
Eleven Stella One Eleven 12 foot ninja 13th Floor elevators Louis XIV M
Heaven 17 N17 Excuse 17 East 17 18 Visions Matchbox 20 Secta Suici
Siglo 20 Catch 22 Sync24 Apartment 26 28 days 30 Seconds TO Mars
odd foot of grunt Jonah 33 36 CrazyFists E37 (now Engin3) .38 UB40 E-
Sum 41 Level 42 +44 June of 44 boca 45 Black 47 49ers 50 Cent B5
Ol' 55 59 Times the Pain starflyer 59 The Dead 60s Sun 60 65 Days
Static Eiffel 65 Brasil 66 67 Special 69 eyes Sham 69 Pink Cream
Fela Kuti and Africa 70 Mexico 70 SR-71 JJ72 The Delta 72 Prefu
73 78 Saab Link 80 Goto80 Athletico Spizz 80 Tahiti 80 MX-80 Sou
Bumblebeez 81 M83 The 88 Rocket 88 Current 93 Route 94 Old 9
98 Degrees 99th Floor Elevators Haircut 100 Highway 101 Blink 1
Corporation 187 Isotope 217 thinking fellers union local 282 311 Mu3
Swirl 360 The 411 apollo 440 Galaxy 500 BR 549 808 State MC 900
Jesus Ursula 1000 Spot 1019 1927 Death from Above 1979 Terror 20
Bran Van 3000 The Kelley Deal 6000 GO!GO!7188 10,000 Maniacs infin

56

在 1941 年 5 月 15 日至 7 月 17 日之间，乔·迪马戈（Joe DiMaggio）凭借其著名的 56 场连胜纪录，登上了棒球界的不朽宝座。

武术拳手弗兰克·W.杜克斯（Frank W. Dux）也宣称，在一场比赛中，他创造了连续 56 次击倒对手的纪录。

但是杜克斯的宣称充满争议。弗兰克，如果你正在读这段文字，我得说，在观看过由来自布鲁塞尔的肌肉男琼-克劳德·范·达蒙（Jean-Claude Van Damme）参演的电影《血战》（Bloodsport）之后……你说什么我都腻味了，兄弟！

"奥布里洞（Aubrey hole）"是一个由 56 个白垩坑组成的圆环，可以追溯到公元前 4 世纪晚期巨石阵建造的早期阶段。它们以约翰·奥布里 (John Aubrey) 的名字命名，很可能是出于天文学的目的。

◎ **四面体** (tetrahedron)

如果你把网球堆叠成每层都是三角形，那么每一层将由 1, 3, 6 和 10 个球组成，依此类推。一个每个面都是三角形的金字塔是四面体，而四面体数是 1, 4, 10, 20…… 你把每一层的球数都加在一起就得到了一系列数字：

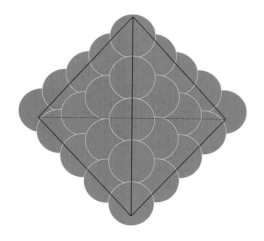

$$1 + 3 = 4$$

$$1 + 3 + 6 = 10$$

$$1 + 3 + 6 + 10 = 20\cdots$$

你能发现四面体数就是三角形数的和吗？同样，回顾第 55 章，你会发现四方锥数是正方形数的和。

◉ **小测试：** 验证并说明 56 是第 6 个四面体数。答案在本书最后。

223

◎ 绝命毒师

极具极客特质的《绝命毒师》(*Breaking Bad*)是我长久以来最喜欢的电视剧之一。主角沃尔特·怀特(Walter White)是一名高中化学老师,该剧围绕着化学展开,所以开演时演职员名单的字幕中,人们的名字被放大成化学符号以供阅读。

因此,在《绝命毒师》中,Br 就是溴的符号,Ba 就是钡的符号。

对很多人来说,这确实是最接近钡和溴的符号了,但是这些图形到底是什么意思呢?

钡是在 1808 年被化学巨人之一汉弗莱·戴维(Humphrey Davy)发现的,图表告诉我们:

137.33 是钡的相对原子质量。

56 是钡的原子序数,即钡原子的原子核中有 56 个质子。当你阅读元素周期表时,你会发现钡元素就是其中的第 56 个元素。

+2 表示氧化态。

2-8-18-7 是电子壳层结构,描述了每一个围绕原子核的轨道上有多少电子。

137.33 +2

Ba

56
2-8-18-7

但是如果你正在为化学考试而刻苦学习,就一定不能把《绝命毒师》的 DVD 当作你的教科书来用。

钡的电子层结构是错误的,它只是溴的复制 (2+8+18+7 不等于 56)。这可能是因为这样看起来更好看,而且制片人也没料到会有人为了他们的大学期末考试而看《绝命毒师》!

钡的结构是 2-8-18-18-8-2,这使它成为仅有的 8 个具有回文电子壳层结构的元素之一。查找元素周期表可以找到其他 7 个元素。

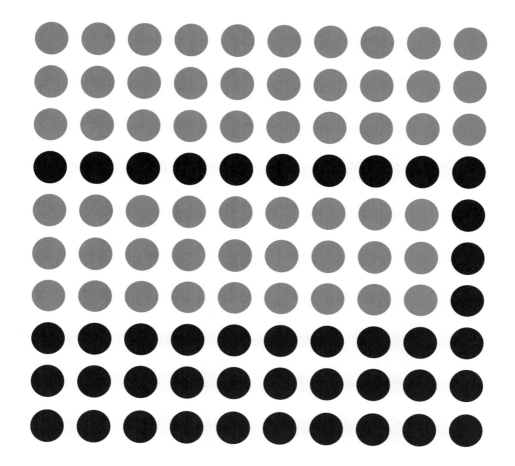

57

◎ 许多的面条

在中国，书法被尊为一种艺术形式。掌握汉字书写的崇高境界需要多年的练习以及熟练使用最高质量的工具。在很多方面，汉字书写和绘画一样被视为一种艺术形式。

哦！下面的这个汉字尤其特别。它象征着一种流行于陕西省的面食——BiangBiang 面。

"Biang"是当代最复杂的汉字之一，需要 57 个笔画。

据可靠测量，南澳大利亚巨型达纳蜻蜓（Australian Southern Giant Darner Dragonfly）是运动速度最快的昆虫。它的最高速度是每小时 57 公里。

小测试：$57=2^5+5^2$，因此它是一个利兰质数。在 1 到 100 之间找到所有能写成 a^b+b^a 形式的数，其中 a 和 b 均不等于 1。答案在本书最后。

◎ 海因茨的 57

19 世纪 90 年代的纽约，德裔美国人厨师兼企业家亨利·海因茨 (Henry Heinz) 创造了广告界最著名的一句广告词，用来描述他所开发的各种各样的番茄酱、调味酱和调味品。"57 个品种"的品牌口号大受欢迎，尽管实际上海茵茨当时生产的产品已经超过了 65 种。但据说亨利喜欢数字 57 的样子。

◎ 立方体表面的涂色

如果你将一个白色的立方体的每一个面涂成红色、黄色或蓝色，你就可以有 57 种不同的方式来标记这个立方体，这样当你拿起这个立方体旋转起来时，它们看起来始终是不同的。

◎ 绕圆一周的另一种方法

我们学习测量角度的第一种方法是以度为单位的，直线为 180 度，圆为 360 度。

但是我们一旦进入微积分的世界并开始分析 $\sin x$, $\cos x$ 等函数时，我们倾向于在一个叫作弧度的新单元中测量角度。

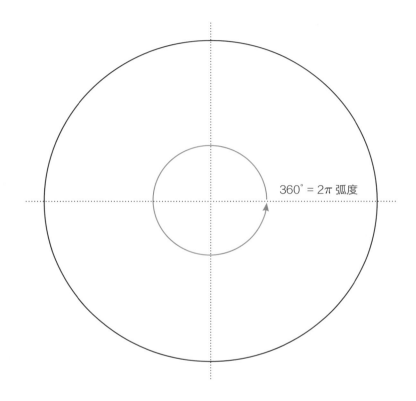

$$360° = 2\pi \text{ 弧度}$$

　　一个圆有 2π 弧度（在这里我不介绍理由，但它的理由是相当酷的）。要比较度和弧度之间的关系，我们有：

　　2π 弧度 $=360°$

　　所以 1 弧度 $=(360 \div 2\pi)° \approx 57.3°$。

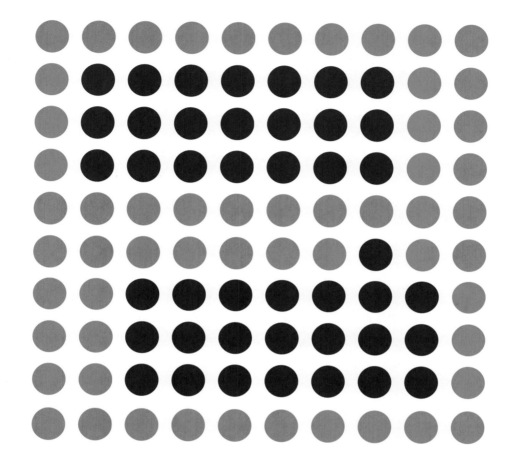

58

前 7 个质数的和是 58。

水星绕太阳运行的轨道不是圆形的。它的范围从 4700 万公里到 7000 万公里,平均值不到 5800 万公里。它以每秒 35 公里的速度穿越太空,是太阳系所有行星中速度最快的,尽管地球也在毫不含糊地以几乎每秒 30 公里的速度运行。

◎ 吞剑者的规则

娜塔莎·薇露西卡 (Natasha Veruschka) 在 2009 年 2 月 28 日的 "吞剑者意识日 (Sword Swallowers Awareness Day)" 上保持了世界上最长的吞剑纪录 —— 58 厘米。我不确定吞剑者意识日的社会诉求是什么,但我真诚地希望它能实现它的目的。

◎ 顽固的粉丝

《58 分钟》(*58 minutes*) 是由美国作家沃尔特·韦杰 (Walter Wager) 执导的一部惊悚片,电影《虎胆龙威 2》(*Die Hard 2*) 就是以此为基础的。如果沃尔特还活着,我很想和他握手,并代表我的妻子向他表示感谢。我的妻子痴迷于《虎胆龙威》系列电影 —— 至少在第 4 部《虎胆龙威 4》(*Live Free or Die Hard*)(2007)之前是这样的。诚实地说,2013 年《虎胆龙威 5》(*A Good Day to Die Hard*) 的上映 …… 好吧,她要么接受,要么放弃。

◎ 数字游戏

让我们来玩一个关于数字 58 的游戏。

将 58 的每一位数字平方后再相加，58 就变成：$5^2+8^2=89$。

现在对 89 做同样的处理，它就变成：$8^2+9^2=145$。

虽然 145 有 3 位数字，但再做同样的处理不难得到：$1^2+4^2+5^2=42$。

继续下去，你就会得到这样的结果：

$58,89,145,42,20,4,16,37,58,89,145,42\cdots$

这显然会永远循环无止境。

你应该还能看到，如果我开始于这个循环中的任何其他数字，我将仍然留在此循环中。

例如将 16 变成 $1^2+6^2=37$，37 变成 $3^2+7^2=58$，58 变成 89，以此类推。

把它藏在心里，你很快就会再遇到它。

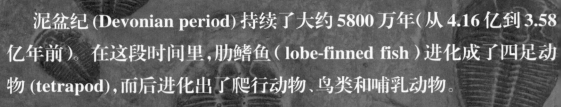

泥盆纪(Devonian period)持续了大约 5800 万年(从 4.16 亿到 3.58 亿年前)。在这段时间里,肋鳍鱼(lobe-finned fish)进化成了四足动物(tetrapod),而后进化出了爬行动物、鸟类和哺乳动物。

智人直到大约 200 万年前才出现。

和往常一样晚了,但,嘿,我们得做头发。

如果你回溯到 5800 万年前,你将会处于始新世(Eocene)和古新世(Paleocene epoch)的边缘。

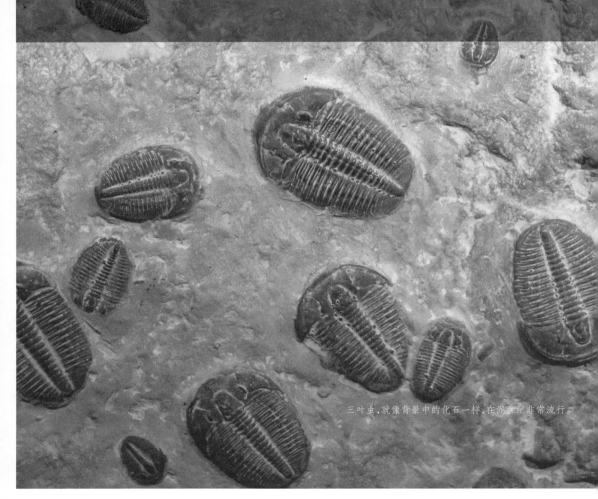

三叶虫,就像背景中的化石一样,在泥盆纪非常流行。

59

真够呛

一只狗身体的两侧各有 59 根腿骨——前腿有 29 根，后腿有 30 根……最好还有一根在嘴巴里。

一场 15 轮的拳击比赛

一场 15 轮的拳击比赛持续——你猜对了，59 分钟。

射中一个 59

在高尔夫球场上，一场 59 分的投球被认为是一种"圣杯"。Al Geiberger 是第一个参加美巡赛（PGA Tour）并取得以上成就的男人，2001 年伟大的安妮卡·索伦斯坦（Annika Sörenstam）成为第一个打破 60 分的女人。

棒球投手奥雷尔·赫希泽（Orel Hershiser）保持了美国各大联赛中一局连续得分最多的纪录。奥勒尔在比赛中创造了连续 59 场无失分的纪录。这到底是最神奇的成就，还是你能想象到的最无聊的体育纪录？无意冒犯，奥勒尔。

◎ 歌颂欧拉

莱昂哈德·欧拉发现：

$635\ 318\ 657 = 59^4 + 158^4 = 133^4 + 134^4$

也就是说，有一类数，可以用两种不同的方式表示成两个数的四次方的和。是的，635 318 657 就是这类数中最小的一个。

如果你停下来想一想，你怎么可能只用墨水和纸就发现这一点，你就能在瞬间感受到莱昂哈德·欧拉那不朽的天才。

◎ 人类的炮弹

直到我开始研究这本书，我才知道澳大利亚人在人类炮弹历史上扮演的角色。出于某种原因，我在上高中的时候他们跳过了这部分内容。

但是在 1872 年的悉尼，埃拉·苏利亚（Ella Zuila）和乔治·罗尔（George Loyal）赢得了一个特殊的马戏团的声誉：乔治从一门大炮中被射出，艾拉在空中飞人的高空秋千上抓住了他。

停下来再读一遍。是的，大炮 …… 抓住 …… 悬挂 …… 空中飞人！好，140 年后，连结"人类"和"炮弹"这两个名词的两个不屈不挠的名字是戴维·史密斯（David Smith）和戴维·史密斯！

老戴维·史密斯一直保持着人体炮弹飞行时间最长的世界纪录，直到 2011 年，他的儿子小戴维·史密斯打破了这一纪录，他的"炮弹"离开大炮口之后飞了 59.05 米，飞到了防弹网的最远端。

但就在你觉得这再刺激不过的时候，有人声称老戴维·史密斯仍然保持着 61 米的世界纪录，这比他儿子那次强有力的飞行早了 10 年。

别告诉我说这里面没有电影 —— 有人可以通过电话找到电影明星威尔·法瑞尔（Will Ferrell）的经纪人！

我将把这个争论留给老戴维和小戴维来解决，我只能想象他们圣诞午餐的气氛是多么紧张。

◎ 近在眼前远在天边 ……

如果有一天你有空闲时间，你会想，"嘿，我把质数相乘，再加 1，看看我能得到什么"，你会发现：

$2 \times 3 + 1 = 7$

$2 \times 3 \times 5+1=31$

$2 \times 3 \times 5 \times 7+1=211$

和

$2 \times 3 \times 5 \times 7 \times 11+1=2311$

所有这些都是质数。但就在你激动不已的时候,你会想:"我们开始了 —— 我将得到一个以我名字命名的著名定理!"接着你会发现

$2 \times 3 \times 5 \times 7 \times 11 \times 13+1=30\ 031$,等于 59×509。

相信我的亲身经历 —— 你会走出阴影的。

实际上,我们很快就会在第 83 章中看到把一些质数相乘然后加上一个数,就能发现关于质数最简单但最重要的性质。这和古代伟大的数学家之一 —— 欧几里得的一个著名定理有关。

如果你真想知道,现在就可以跳到第 83 章 —— 那是一个漂亮的小定理。但是当你读完后,一定要回到第 60 章并从这里继续阅读。接下来的几章是绝对的狂欢。

60

◎ 以 60 为基数

巴比伦人（Babylonian）和迦勒底人（Chaldean）以 60 为基数计数（如果你已经忘了那是什么意思，请参阅第 10 章）。这让我们这个习惯十进制的脑袋很难运转，尽管如此，一个以 60 为基数的系统被称为六十进制系统。60 的优点是容易被 2, 3, 4, 5, 6 以及 10, 12, 15, 20 和 30 整除。巴比伦人把一个圆分成 360 度，今天我们仍然把 1 小时分为 60 分钟，把 1 分钟分为 60 秒。嗯，你猜对了，他们想出了一些很酷的涉及数字 60 的计算。

例如，在计算佩尔数（Pell number）时（请参阅第 29 章和第 70 章），我们看到 $\frac{41}{29}$ 是 $\sqrt{2}$ 的一个近似值。

在一张 4000 年前的黏土片上，有一张著名的图表显示，古巴比伦时期的数学家计算出了 $\sqrt{2}$ 的一个近似值（约为 1.4142135…）：

$$1+\frac{24}{60}+\frac{51}{60^2}+\frac{10}{60^3}=\frac{30547}{21600}$$

非常接近，嘿！类似地，希腊数学家希巴克斯（Hipparchus）估计一年大约有 $6\times60+5+\frac{14}{60}+\frac{44}{60^2}+\frac{51}{60^3}$ 天。

这大约是 365.24579 天，相比较而言，地球围绕太阳公转的时间，即一个恒星年（sidereal year）平均为 365.25636 天。

而另一个希腊人托勒密（Ptolemy），在六十进制下给出了 π（3.141593…）的一个近似值是：

$$\pi =3+\frac{8}{60}+\frac{30}{60^2}\approx 3.141666\cdots$$ 好样的，佩尔！

◎ 巴基球（buckyball）

碳是所有元素中最普遍的元素之一。它是继氢、氦和氧之后第四丰富

238

的元素，被称为所有生命的基础。在所有的生命形式中都可以找到碳，而你的身体中大约有 $\frac{1}{5}$ 是碳。

碳存在的最酷的方式之一，是在被称为"巴基球"的巨大分子中。

下面是 C_{60} 图解，一个有 60 个碳原子的分子。看 C_{60}，它有 32 个面，其中 20 个是六边形（边缘有 6 个原子），12 个是五边形（边缘有 5 个原子）。这个形状你应该很熟悉，因为它看起来很像一个足球。如果你会想到截角二十面体（truncated icosahedron），那你很厉害。如果没有，请再回到第 13 章。

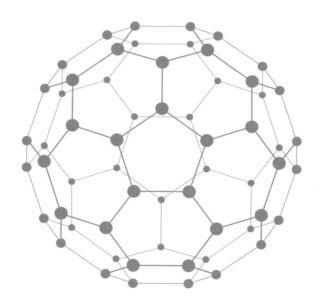

还有巴基球 C_{70}，C_{76} 和 C_{84}，它们都有 12 个五边形面，只是六边形面的数目不同。

如果你想知道碳原子的另一种排列方法，去看看石墨烯（graphene），它非常酷！

60 是另一个盈数,等边三角形的内角也是 60°。

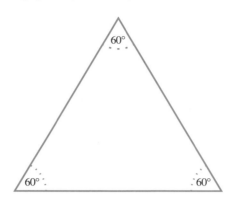

◎ 一个截半二十面体(icosidodecahedron)

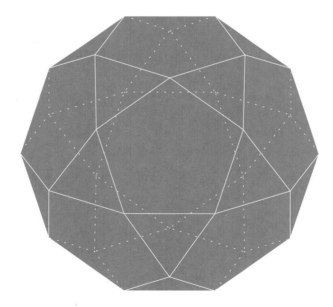

它有 32 个面、30 个顶点和 60 条边,欧拉公式 $V+F-E=2$ 经验证适用于这个阿基米德多面体。我们注意到它可以由一个二十面体(icosahedron)和一个十二面体(dodecahedron)的表面拼凑而成。

61

◎ **魔性的丢番图**（Diophantine）

17 世纪时，数学家很少举行为期一周的我们称之为数学会议的大型聚会。同样，也没有多少数学的期刊与杂志。所以交流思想和成就的主要途径是写信给另一位数学家。

有一天，费马（Fermat）突然给他的老朋友洛比达（l'Hôptal）写了一封信发出挑战，要求他找出 x 和 y 的整数解：

$$x^2-61y^2=1$$

像这样解为整数的方程，叫作"丢番图方程（Diophantine equation）"（见第 84 章），费马的早餐吃了这样的方程大餐。

欧拉曾经把这个方程叫作佩尔方程（Pell's equation），这很奇怪，因为佩尔和它没有任何关系 —— 但这是另一个时代的另一个故事。无论如何，我不会让你的脑袋因为试图解决它而爆炸。

最小整数解是：

$x=1\,766\,319\,049$ 和 $y=226\,153\,980$

嗨！你觉得艰难吗？费马还计算出了 $x^2-109y^2=1$ 的最小整数解为：

$x=158\,070\,671\,986\,249$ 和 $y=15\,140\,424\,455\,100$

● **小测试：** 尝试求出方程 $x^2-37y^2=1$ 的整数解，提示：$x=73$。

答案在本书最后。

◎ 令人费解的五格骨牌（pentominoe）

我们曾经在第 12 章和第 28 章中见过 12 种五格骨牌，并见识了一些有趣的把多个方块拼装到一起的方法。用 12 个五格骨牌拼成一个矩形栅栏，让其围成的面积最大的方法是围成一个 11×11 的正方形，其内部包含 61 个单位的正方形区域。

你有办法解决怎么用 12 个五格骨牌拼出这样的栅栏吗？

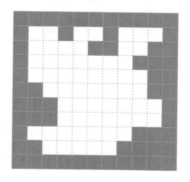

如果我们不坚持栅栏是由 4 条直边构成，我们就可以让其内部包含 128 个单位的正方形区域。你能用 12 个五格骨牌围出这个栅栏吗？你可以在书的最后检查你的答案。

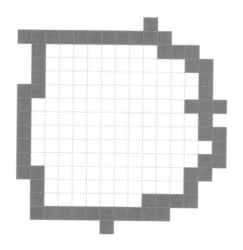

A

ST

AND

ARDS

NELLE

NEYESI

GHTCHAR

THASSIXT

YONELETT

ERSOVERE

LEVENROWS

62

◎ **多米诺骨牌**（Dominoe）

棋盘上有 8×8=64 方格。现在,把两个相对的角像这样去掉:

◎ **小测试:** 你能把剩下的 62 个方格用 31 个标准多米诺骨牌覆盖吗?

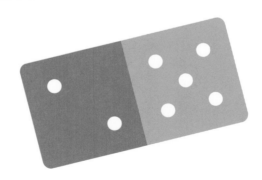

[提示] 拿一个棋盘,在两个角上各放一枚硬币,把它们排除在外,然后试着把 31 个骰子放进去。也可以试着把硬币拿走,把 31 张多米诺骨牌放进去。对于两个没有被覆盖的方块,你总能注意到什么?答案在本书最后。

◎ **大斜方截半二十面体**（Great rhombicosido-
decahedron）

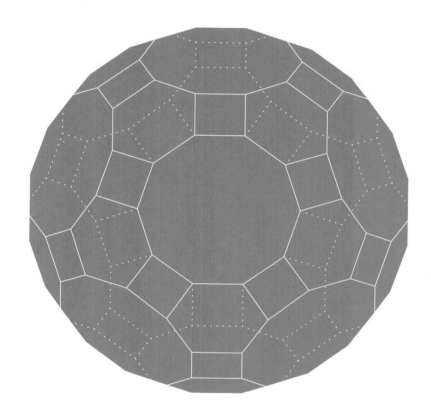

　　它有 62 个面、120 个顶点和 180 条棱。欧拉公式 $V+F-E=2$ 经验证适
用于这个阿基米德多面体。此乃最大的阿基米德多面体。

驾!

已知的最老的马在 62 岁时去世。他被当地命名为"老比利(Old Billy)"。

吹

当风速超过每小时 62 公里时,世界气象组织(World Meteorological Organisation)将深度低气压升级为气旋风暴。在澳大利亚,我们称之为 1 级气旋。

威薇·布朗 (Velvet Brown)

在 1944 年的电影《玉女神驹》(National Velvet)中,威薇·布朗中奖的彩票号码是 62。

◎ 究竟是几岁(多少)呢?

西格蒙德·弗洛伊德生来就有一个很酷的名字——Sigismund Schlomo Freud。更重要的是,他创立了精神分析学(psychoanalysis)。但大多数人不知道的是,他痴迷于某些数字。

起初,西格全神贯注于 51 岁,并认为他会在那个年龄死去。到了 52 岁时,他转而痴迷于 62 岁死亡的念头。

最后他活到 83 岁的高龄,证明了这两种恐惧都是错误的。

63

◎ 最长的网址

尽管我们大多数人都厌烦长长的网站名，而且经常不得不在电话里说"等一下，我去拿支笔"，也不影响苏布拉曼亚姆·卡卢图里（Subrahmanyam Karuturi）热忱欢迎人们来到此网站：

http://iamtheproudownerofthelongestlongestlongestdomainnamein-thisworld.com。

此网站注册于 2005 年，但是早在 2002 年，这个网站：

thelongestdomainnameintheworldandthensomeandthensomemore-andmore.com

就存在于世了。这两个网站都包含 63 个字母，它们是网站域名为 .com 的可以达到的最长网址。当被要求确认此乃世界上最长的网站名的世界纪录时，《吉尼斯世界纪录大全》拒绝接受，称这样的纪录"毫无价值"，而且"类似于取世界上最大的数，然后加上 1"。

在无数个有 63 个字母的网站名中，我最喜欢的一个是拥有超过 200 万访问者的页面，它为圆周率 π 提供了 100 万条资讯。我指的是：

3.1415926535897932384626433832795028841971693993751058209-74944592. com

关于网站名长得离谱的话题，谷歌曾经竖起过著名的广告牌，上面写着：

{ 在 e 的连续数字中找到的第一个 10 位数的质数 }.com。

当你读出自然常数 e 的扩展时，第一个这样的 10 位质数是 7 427 466 391。那些去了 7427466391.com 网站的人们会遇到另一个数学问题，解决之后又会跳转到下一个，一直如此。这是一场为数学超级大脑准备的招聘大会。

希腊人
阿基米德

阿基米德被许多人认为是古代最伟大的数学家，也是有史以来最伟大的数学家之一。

在所有事情中他最热衷计算大量的数字。在他的书《数沙者》(*The Sand Reckoner*) 中，他说，宇宙大到足以容纳 8×10^{63} 粒沙子，8 后面跟着 63 个 0，或者 8 000 000 000 000 000 000 000 000 000-000 000 000 000 000 000 000 000 000 000-000 000。

这不叫 800 万，也不叫 80 亿，而是被称作 8 vigintillion（译者注：1 后面加 63 个 0 的数）。不过，当我说"被称作"时，我们其实很少需要用到 1 后面加 63 个 0 的数字。事实上，除非你用沙粒来描述阿基米德对宇宙大小的估计，否则这可能是你一段时间内最后一次看到它，所以让它从你的嘴里读出来吧："Vigintillion...vigintillion...vigintillion..."

63 是……

可以是年龄。1990 年的除夕，在英国考文特花园，63 岁的著名澳大利亚花腔女高音歌唱家琼·萨瑟兰爵士（Dame Joan Sutherland）在她最后一次公开演出时展现了她优美的声音。

是在驴和马的后代中发现的染色体的数目。

还是猫和狗怀孕的天数。

当然，世界上最不起眼的山峰，我们所说的最低山峰是巴哈马群岛（Bahames）的阿尔弗尼亚山（Mount Alvernia），它的海拔只有 63 米。我提到这一点，并非有意不尊重那些征服了阿尔弗尼亚山的伟大冒险家们。

64

◎ 64 的能量

64 是 2 的六次方，而 6=2×3，所以 64 可以写成三种不同次幂的形式：$64=8^2=4^3=2^6$。

下次你想给你的朋友留下深刻印象，就告诉他们 64 真的是 100 万。他们会迷惑地盯着你，直到你给他们解释"二进制数"。我们已经见过十进制（参阅第 10 章）。嗯，二进制数使用的是二进制。

我们之所以这样表示 7038，是因为它可以写成 $7×10^3+0×10^2+3×10+8×1$ 的形式。每一个数字代表着需要 10 的多少次幂才能得出我们想要的数字。

所以用二进制来表示一个数字，我们不是把它分解成 10 的幂，而是 2 的幂。例如：25=1×16+1×8+0×4+0×2+1。

因此，在二进制数中，我们将它写成 11001。

64 是 2 的幂，所以用二进制或二进制形式来写，可以得到：

64=1×64+0×32+0×16+0×8+0×4+0×2+0×1。

因此，在二进制中 64=1 000 000。

◎ 本杰明·富兰克林 (Benjamin Franklin) 的幻方

本杰明·富兰克林可能是最著名的美国开国元勋之一，但事实上他做了很多事情 —— 在最高的层次上。他是美国驻法国和瑞典的外交官、第一任邮政局长，以及宾夕法尼亚州的州长。除此之外，他还是一位成功的发明家、科学家、作家和报纸创始人。他对今天的美国产生了深远的影响。

作为一名科学家和发明家，他在电学方面取得了突破，包括发明避雷针、双焦眼镜和富兰克林电炉等。嘿，本，歇下来，给大家留点儿事做！

他也不介意偶尔的数学涂鸦 —— 嘿，谁介意呢？在 1769 年写给朋友的

一封信中,他描述了一个他以前发现的8×8的幻方。请看下面方块中的数字:

52	61	4	13	20	29	36	45
14	3	62	51	46	35	30	19
53	60	5	12	21	28	37	44
11	6	59	54	43	38	27	22
55	58	7	10	23	26	39	42
9	8	57	56	41	40	25	24
50	63	2	15	18	31	34	47
16	1	64	49	48	33	32	17

这个 8×8 幻方的常数是（1+2+3+4+5+6+7+8+9+10+11+12+13+14+15+16+17+18+19+20+21+22+23+24+25+⋯+64）÷8=260（求加法 1+2+⋯+64 的捷径,参阅第 21, 81 和 100 章）。不仅每一行或每一列的数字加起来是 260,沿着幻方任意一条边开始相加,你可以看到每半行或每半列的数字相加为 130（260 的一半）。每一个较小的 2×2 幻方加起来也是 130,四个角加起来还是 130。如果你从四个角向着幻方中心的方向前行,所得新幻方的四个角上的数加起来也是 130。继续观察这个幻方,你会发现更多隐藏的美丽景观。干得好,富兰克林先生。

披头士乐队（Beatles）奇妙的歌曲《当我 64 岁时》（*When I'm Sixty Four*）由保罗·麦卡特尼（Paul McCartney）创作,1967 年在他们的专辑《佩珀中士的孤独之心俱乐部乐队》（*Sgt. Pepper's Lonely Hearts Club Band*）中发行。

虽然这首歌的主题是"变老",但它却是麦卡特尼 16 岁时创作的第一首歌曲。

我很愿意被纠正,但我敢打赌这也是以 2 个女高音、1 个低单簧管三重奏为特点的最著名的流行歌曲。

具有讽刺意味的是,这位享年 64 岁的伟大的鲍比·菲舍尔(Bobby Fischer),在 1960 年 11 月 1 日莱比锡奥运会的比赛中对弈"令人敬畏但却不如他"的世界冠军米哈伊尔·塔尔(Mikhail Tal)。
来源:DeutschesBundesarchiv

国际象棋棋盘上有 64 个方格

迷人的国际象棋词汇包括恰图兰卡(chaturanga)和沙特兰兹(shatranj)这些印度棋盘游戏。国际象棋被认为是从这些游戏演变而来的。Ruy Lopez 和 anti Veresov variation——这是两个不同的可能的开局策略。我最喜欢的是"被动强制(zugzwang)"——一种你的任何举动都会受损的情况。历史上,国际象棋曾多次被宗教领袖和皇室成员禁止,例如 1254 年,法国国王路易九世宣布国际象棋为非法的。在欧洲与蒙古游牧民族争斗,"十字军"东征肆虐以及法国与英国金雀花王朝交战之时,这怎么可能成为一个被优先考虑的事儿呢?

65

◎ 更神奇的幻方

65 是一个 5×5 的幻方的常数。也许我应该解释一下原因。

幻方包含从 1 到 25 所有的数字，所以如果我们将它们都加起来就会得到：

1+2+3+4+5+6+7+8+9+10+11+12+13+14+15+16+17+18+19+20 +21+22+23+24+25=325（快速相加的捷径，参阅第 21,81 和 100 章）。

但每个幻方有 5 行，每一行所有的数加起来是一样的，所以每一行加起来是 325÷5=65。

这里有两个 5×5 的幻方：

1	7	23	20	14
18	15	4	6	22
9	21	17	13	5
12	3	10	24	16
25	19	11	2	8

1	10	22	18	14
17	13	4	6	25
9	21	20	12	3
15	2	8	24	16
23	19	11	5	7

这里有四个我还没完成。你知道的 —— 它们变得更难了。

1		19	13	7
	8	2	21	
22	16	15	9	3
10		23	17	
18	12			24

17	24		8	
23	5			16
		6		20
10			21	3
11	18		2	9

23				15
	18	1	14	22
17	5		21	9
	12	25	8	16
	24	7	20	

25	13	1	19	7
16	9	22	15	3
4	17	10	23	11

答案像通常一样,在本书最后。

◎ 我要离开这里啦

65 岁可能是全世界最受欢迎的退休年龄。但随着大多数国家人口老龄化的加剧,这一切都将改变。

例如澳大利亚在 1908 年将退休年龄设定在 65 岁,但在 1908 年,一个 15 岁的人预期只可以活到 64 岁。

退休只会发生在一个超出预期寿命的"不寻常"情况下。这一百年来,人们通常可以活到 85 岁或更久了。

◎ 65 的能量

数字 65 是"半素数(semiprime)",也是"帕多万数列(Padovan sequence)"的一部分,这两个知识点都将在第 86 章中介绍。它也是"八边形(octagonal)"数,这个你要到第 96 章才会见到。

但是当涉及 65 的幂时,它真的很耀眼。

259

首先,我之前从来没有见过这个,直到三天前我必须完成这本书时才突然发现。我很高兴我看到了它,因为对我来说,诸如此类的东西是美丽的:

$$65=1^5+2^4+3^3+4^2+5^1$$

难道不赞吗!

且 $65^7=1414^3+2\ 213\ 459^2$

我知道,我知道,你在想:"搞什么名堂嘛,亚当,你为什么要给我看这个,毁了我的一天?"但这只是与你将在第 71 章中见到的费马－卡塔兰猜想(Fermat-Catalan Conjecture)相关联的为数不多的方程式之一。

如果你真的想鼓励自己,那么我告诉你:

$$65^7=4\ 902\ 227\ 890\ 625$$

现在拿一支笔和一张纸(我知道,那是古老的方式),咕哝着用一些老式的长乘法计算,让你自己相信它和 $1414^3+2\ 213\ 459^2$ 是相等的。

🖉 **小测试:** 65 是可以用两种不同的方式写成两个不同正数的平方和的最小的数字。怎么样? 太容易了? 好吧,65 的平方可以用 4 种不同的方式写成两个不同数的平方之和。找到所有的 4 种方式! *答案在本书最后。*

66

◎ 回文（palindromic）和三角

66 是继 55 之后的下一个三角形数（参阅第 21 章）。

它也是一个回文数，意思是它从前往后和从后往前读起来是一样的。

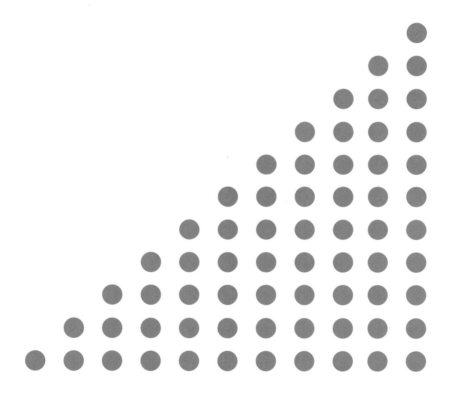

✎ **小测试**：找到 66 之后的两个回文三角形数，并展示 66 是一个盈数（参阅第 12 章）。

答案在本书最后。

得到你想要的

1926 年开通的 66 号公路也被称为"美国公路（The Highway of America）"，是美国公路系统中最早的公路之一。

它从芝加哥到圣塔莫尼卡（Santa Monica），大约有 2500 英里（4000 千米），对它的路径特征更广为人知的描述是在《在 66 号公路上》（*Get your kicks on Route 66*）这首歌中。

它来自圣路易斯、乔普林、密苏里州，

俄克拉荷马城看起来真漂亮。

你会看到新墨西哥州的阿马里洛和盖洛普，

亚利桑那州的旗杆镇，不要忘记威诺娜州，

金曼，巴斯托，圣伯纳迪诺。

尽管这首歌因其众多版本而闻名于世，从纳特·金·科尔（Nat King Cole）、查克·贝瑞（Chuck Berry），到滚石乐队（The Rolling Stones）和赶时髦乐队（Depeche Mode），实际上这首歌是由鲍比·特朗普（Bobby Troup）在 1946 年创作的，当时他驱车前往好莱坞寻求出名机会。

66 号公路不是现代音乐中唯一的 66 号公路。爵士乐大师、拉丁裔美洲人瑟吉奥·门德斯（Sergio Mendes）和他的乐队巴西 66（Brasil 66）从 20 世纪 60 年代开始就大量生产他的波萨诺瓦放克装备（bossa-nova funk gear），并且还在不断发展壮大。

◎ 多点的

仔细看这张图,你会发现我画了 5 个点,我只用了两种颜色就把所有的点连在一起且没有形成任何一个只有一种颜色的三角形。

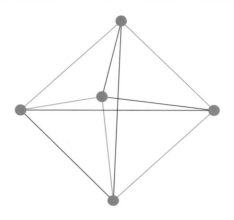

你可以用 5 个随机点和 2 支不同颜色的笔自己尝试一下。

现在画 6 个随机点并尝试一下。继续努力,直到你真的感到厌烦为止。

对于任何 6 个点和 2 个颜色的情况,当你把所有的点组合在一起时,你必定得到一个只有一种颜色的三角形。

如果我们有三种不同颜色的笔,你可以加入 16 个点而不形成一个同色三角形 (这并不容易,但是你可以)。但是你一旦有了 17 个点,任何加入的方式都将创造一个同种颜色的三角形。

如果一页纸上有 66 个点,你有 4 支不同颜色的笔,可以使这些点的任何组合都必须形成一个三角形,且保证它的三边是相同的颜色。对此的证明 (相对而言) 比较简单。

但 66 是最后一个可以较简单地证明的"上限"。

事实上,我们已经把四色问题的数字减少到 62 个点,但是证明是如此困难和深奥,以至于像我这样一个十足的书呆子也开始感到有点作呕。

67

◎ 皮埃尔 · 德 · 费马大定理（Pierre De Fermat's Last Theorem）

就像我们已经知道的那样，早在公元前 500 年，一个直角三角形（即有一个角为 90 度的三角形）的三条边遵循毕达哥拉斯定理（Pythagorean Equation，译者注：即中国人所说的勾股定理）：$a^2+b^2=c^2$。

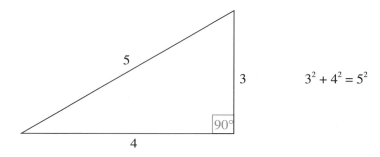

$$3^2 + 4^2 = 5^2$$

2000 多年以后，法国人皮埃尔 · 德 · 费马在一本复杂教科书上潦草地写下了他的一个想法：

费马称，虽然 $a^2+b^2=c^2$ 有无数组解，例如上图所示的一组解，但 $a^3+b^3=c^3$ 或 $a^4+b^4=c^4$ 或 $a^{31}+b^{31}=c^{31}$ 却无整数解。确实，当 n 大于 2 时，$a^n+b^n=c^n$ 没有整数解。

费马认为他可以证明这个命题，但书的空白处没有足够的空间供他写下他的证明。虽然，他也许认为自己能证明，但他几乎肯定没法证明。这个谜题在数百年的时间里难倒了最杰出的头脑，直至被一个英国数学家安德鲁斯 · 怀尔斯（Andrews Wiles）用极长的论文证明 —— 这距离费马首先提出问题已有 358 年了！

很长一段时间里，数学家一直怀疑这个猜想是正确的，他们将可能存在的反例的最小可能值极限一次又一次向上推。总的来说，他们证明了 $a^{5\,000\,000}+b^{5\,000\,000}=c^{5\,000\,000}$ 不可能存在，且指数小于 5 000 000 的情况也不成立，但证明这个定理对所有 n 的值都成立却花了非常长的时间。

为什么我要和你说这些呢？好吧，最早的几个重要的试图解决费马大定理（这个定理的公认名称）的人有德国的天才厄恩斯特·爱德华·库默尔（Ernst Edward Kummer）。他证明了当 n 是一种特殊的质数，他称为规则的（regular）质数时（这虽然听起来很简单，却有着十分难懂的定义，这儿就不展开说了），$a^n+b^n=c^n$ 无解。当他完成时，所有从 $n=1$ 到 $n=100$ 的例子瞬间被排除了，除了 3 个弯曲而不规则的质数。它们是 $n=37$，$n=59$，然后，你猜到了，$n=67$。

小测试： 还记得第 45 章的卡普雷卡尔数（Kaprekar number）吗？

请计算从 67 到 67^4 的各次幂。它们中有卡普雷卡尔数吗？如果你完全笔算，有附加分哦！

（好吧，我记起来这儿其实是不算分的，所以附加分没什么用……但我敢打赌你没勇气用笔算！）答案在本书最后。

肚脐的凝视（navel gazing）

如果你的肚脐是正常的，它可能包含了 67 种不同种类的细菌。但寄生在肚脐里的细菌种类繁多到如果你的朋友测量了他的细菌，只有几个会和你的重复。

说到细菌，如果你两星期都穿同一条牛仔裤不洗的话，在第 14 天，你裤子的前面就会产生 1000 种细菌，后面有 1500 到 2500 种细菌，而裆部则有 10 000 种。

既然我们说到这里，那么其实你的小肠（intestine）中有 100 000 000 000 000（100 兆）个微生物。这比你体内细胞数的 10 倍还多。

下一次当你注视着自己的肚脐，冥想着这里面会是什么样的时候，你事实上正在进行人们所说的 *omphaloskepsis*（naval gazing，即肚脐凝视）。

在 Kokokan 柔道中，有 67 种摔倒对手的方式。它们都包含在五教之技（Gokyo no Waza）中，其中有引人注意的拔腰（the Sweeping hip throw，日文为 Harai Goshi），燕返（the Swallows Flight reversal，日文为 Tsubame Gaeshi），以及山岚（the Mountain Storm，日文为 Yama Arashi）。

下一次当有人问你是否想要来一个内股卷入（Inner Thigh Wraparound，日文为 Uchi Mata Makikomi）时，你最好再考虑考虑——那真的很疼！

68

◎ 震撼世界的一年

在马克·科兰斯基(Mark Kurlansky)的书《1968:震撼世界的一年》(*1968: The Year that Shock the Wold*)中,他认为布拉格之春(Prague Spring,译者注:是1968年1月5日开始于捷克斯洛伐克国内的一场政治民主化运动),北越的新春攻势(Tet Offensive),巴黎学生暴动(Paris Student Riots),以及罗伯特·肯尼迪(Bobby Kennedy)和马丁·路德·金(Martin Luther King)的被刺(当然还有很多其他事件),使1968年成为特别的多事之秋。

◎ 敏捷的灵缇犬(greyhound)跳跃起来了

狗类跳跃高度的世界纪录是172.7厘米(68英寸),这项纪录的保持者是一只名为"灰姑娘可能是灰色的(Cinderella May a Holly Grey)"的灵缇犬——它肯定还能闯入最奇特狗名字比赛的半决赛呢。

◎ 著名的4个4又回来啦

在第4章,我们已经接触到了4个4运算问题。

事实证明,你可以仅用4个4和数学运算符号表示从1到100的每一个数。就像我所说的,它们中的一些有点儿麻烦,但其他的也没那么坏。

当我们到达六十几时,我们可以看到几个挺可爱的,试试你是否能看得懂。

$60=4\times4+44$

$63=(4^4-4)\div4$

$64=4\times(4!-4-4)$ 以及 $66=4\times4\times4+\sqrt{4}$

我尤其喜欢由4个4运算得到68的两种方式:

$68=4\times4\times4+4$ 和 $68=4^4\div4+4$

◎ 鳄鱼的牙齿

人类有 20 颗乳齿（baby teeth）和 32 颗恒牙（permanent teeth），上颌骨和下颚骨各 16 颗。

但鳄鱼有 64 到 68 颗牙齿（有些鳄鱼甚至有多至 80 颗）。它们的牙齿定期脱落，但马上重新生长，一只鳄鱼一生中最多要更换 50 次牙齿。

不只是这样，它们的眼睛有 135 度的视角，且在视线前方有 22 度的重合，以使他们拥有良好的双焦点视觉。

说到牙齿，以及很多牙齿，2014 年，牙医从印度孟买人阿希克·加维（Ashik Gavai）口中取出了 232 颗"类似牙齿"的结构。加维患了一种罕见的疾病，即混合性牙瘤（Complex Odontoma）。

◎ 华尔街（Wall Street）

20 世纪 90 年代初，华尔街迎来了它 200 岁的生日，也成为 charcoal 西装背带、每个脑袋上的发胶容量以及一些史上最难看的领结和背心的中心，世界上最著名的证券交易（stock exchange）发生在 1792 年纽约华尔街 68 号的一棵树下。

◎ 68 年

1980 年 5 月 7 日，保罗·盖德尔（Paul Geidel）从位于纽约的菲什基尔监狱被释放，他已经服完了谋杀罪所带来的劳役。嘿，那又怎样，世界上每天都有这样的事发生。特殊的是，盖德尔于 1911 年 9 月 5 日就入狱了，他在狱中生活了 68 年 8 个月零 2 天。那里面可是有一大堆难吃的土豆泥和炖菜呐。

◎ 高兴起来吧

在第 58 章,我们玩了一个游戏,即将一个数每个数位上数字的平方相加,得到一个新数。例如:

58 变成了 $5^2+8^2=89$,89 变成了 $8^2+9^2=145$,而 145 变成了 $1^2+4^2+5^2=42$,然后是 20,4,16 和 37,然后回到 58。

让我们取数字 68 来玩这个游戏。

68 变成了 $6^2+8^2=100$,

而 100 变成了 $1^2+0^2+0^2=1$,

且继续玩这个游戏只会使我们一直得到 1。

我们取任何数做这个游戏,都只能得到这样的两个结果。

它可能会被困在 58,89,145,42,20,4,16,37,58,89… 的循环中,或者,它可能减少到 1。

举个例子,验证一下数字 35,我们可以得到 35,34,25,29,85,89,145,42…,然后就困在这个循环中了。

但数字 49,就像 68 一样,会减少到 49,97,130,10,1…

像 49 和 68 这样最终减少到 1 的数字被称为 "快乐数(happy number)"。

◎ **小测试:** 1 和 100 都是快乐数。请找出从 1 到 100 中的另外 18 个快乐数。

答案在本书最后。

在一个令人称道的天才电视剧《神秘博士》(**Dr Who**) 的极客时刻,第 10 个博士拯救了货船 SS Pentallian,使它不和 Torajii sun 相撞,而他就是通过推断数字 313,331,367,379 同时是快乐数和质数而做到的。

69

69 是第 17 个幸运数（lucky number）。

◎ 罗马数字（Roman numeral）

德里克·雷德曼（Derrick Neiderman）是美国一个著名的数字爱好者、谜题发明家、神秘纵横字谜编排者（我超爱这个家伙），以及前壁球冠军（好吧，他也许在这点上不如我，但，嘿，也许我只是妒忌罢了），他也称自己为"数字怪人"。

他的和本书同名的书展示给我一些我之前不知道的知识，包括以下这些。

如果你将 69 用字母数字的形式写下来，也就是将 SIXTY NINE 的每一个字母用数字表示，将得到 19,9,24,20,25,14,9,14,5。

将它们都加起来得到 19+9+⋯+5=139。这和 69 毫无关系 —— 我的意思是，它的确是 2×69+1，但，我们真的好像在抓救命稻草一样。

然而，对罗马数字 69 进行同样步骤的话，你会得到 69=LXIX，可以表示为 12,24,9,24，然后猜猜会发生什么 —— 12+24+9+24=69。

干得好，德里克。

他接着向我们发起挑战：我们是否能找到符合条件的另一个例子。

◉ **小测试：** 除了数字 69 以外，还有哪个罗马数字的写法加起来等于它自己？提示：这个数字没有比 69 小很多。答案在本书最后。

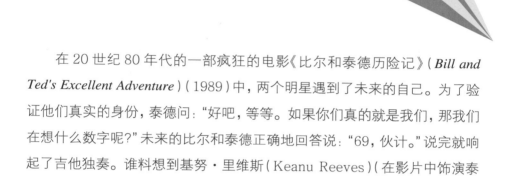

在 20 世纪 80 年代的一部疯狂的电影《比尔和泰德历险记》(*Bill and Ted's Excellent Adventure*)(1989)中,两个明星遇到了未来的自己。为了验证他们真实的身份,泰德问:"好吧,等等。如果你们真的就是我们,那我们在想什么数字呢?"未来的比尔和泰德正确地回答说:"69,伙计。"说完就响起了吉他独奏。谁料想到基努·里维斯(Keanu Reeves)(在影片中饰演泰德)研究过罗马数字呢?

◎地下数字

人类被困在地下且幸存的最长时间是惊人的 69 天,他们是"圣何塞的 33 人(The 33 of San José)"(32 名智利矿工和 1 名玻利维亚矿工)。2010 年 8 月 5 日,智利圣何塞的铜金矿坍塌后,他们被困在了地底下 688 米(即 2257 英尺)深的地方。就像后来全世界关注的那样,所有 33 个人都被一个救援舱成功援救。

●**小测试**:计算 69^2 和 69^3(用笔算,这可是为你好!),你观察到这些结果有什么独特的性质吗?

答案在本书最后。

◎ 飞得高 ⋯⋯ 飞得远

纸飞机最远飞行距离是 69.14 米（即 226 英尺 10 英寸），这个纪录是由乔·阿尤布（Joe Ayoob）和飞机设计师约翰·M. 科林斯（John M. Collins）（他们都是美国人）于 2012 年 2 月 26 日在加州麦克莱伦空军基地创造的。

由一个人设计飞机，另一个人扔投，使我们洞见了纸飞机制作者对它们工艺的认真程度。

另外，约翰·科林斯有一个网站（paperairplaneguy.com），里面有乔破纪录的扔飞机过程，以及狂喜的人群。

这架纸飞机是用一张未剪裁的每平方米 100 克的 A4 纸制成的。

另一个世界级的纸飞机扔掷者是澳大利亚人狄伦·帕克（Dylan Parker），我有幸见过他。也许阅读这段文字能激励他追赶世界纪录？帕克对决科林斯和阿尤布 —— 尽管放马过来吧！

70

◎ **炮弹问题**（cannonball problem）

沃尔特·雷利先生（Sir Walter Raleigh）是一个忙碌的人。他是伊丽莎白女王的最爱，也是军人、探险家、公海水手，并且是他将烟草带到英国的。他还是鲍勃·纽哈特（Bob Newhart）搞笑素描中的主人公，你哪天有空一定得去看看。就在你思考他是多么酷的时候，我得告诉你他在1618年上了断头台。

沃尔特先生提出过一个数学问题，被称为炮弹问题。当一大堆炮弹被叠成四方锥（square pyramidal）的形状时，你怎么才能算出炮弹总数呢？

令人高兴的是,有一个关于四方锥的公式能给我们答案。如果有 k 层炮弹,那么将会有 $\frac{1}{6}k\times(k+1)\times(2k+1)$ 个炮弹。

如果你将 $k=1,k=2,k=3$ 代入这个公式中,你可以算出这几层的炮弹个数。

因此,如果一个上校看见一堆 6 层高的炮弹,他可以瞬间算出一共有:

$\frac{1}{6}\times6\times(6+1)\times(2\times6+1)=\frac{1}{6}\times6\times7\times13=91$ 个炮弹。

小测试: 有且仅有一堆形状为四方锥的炮弹,满足所有炮弹数是一个完全平方数的条件。这个四方锥有 24 层。那么到底有多少炮弹呢?

答案在本书最后。

◎ 怪 胎

70 是一个 "怪胎数(weird number)",但不是因为它有怪癖或者什么其他的原因。怪胎数是盈数,但不等于它任何因数之和(也就是说,它是盈数,却不是半完全数。详见第 54 章)。怪胎数十分稀少,70 是 100 之内唯一的一个。例如 12 是盈数,因为 1+2+3+4+6=16,而 16 比 12 大。但是 2+4+6=12,因此 12 不是怪胎数。看看你能不能证明 70 是怪胎数。

啊,有纪录的 "大富翁游戏(Monopoly)" 持续的最长时间是 70 天。这个是真的怪胎!

科莫多巨蜥(Komodo dragon)平均重达 70 千克。如果你想要找一条无肩带、红色、露肩的数字给你的朋友科莫多巨蜥的话,选 14 码大概是最宽松且保险的赌注了。

◎ 佩尔钟（Pell Toll）为谁而鸣

70 是一个佩尔数（见第 29 章）。前几个佩尔数是 1, 2, 5, 12, 29, 70, 169, 408… 并且它们的出现好像是尝试去"猜测"或者近似 $\sqrt{2}$。

从一个佩尔数到下一个佩尔数似乎没有任何明显的规律。我们不只是把它们翻倍，或者就像斐波那契数列那样将两个数相加得到第二个。但注意，当你将一个佩尔数翻倍，然后加上之前的那个数，你将得到下一个数。

哈？好吧，要得到佩尔数 29 的后一个佩尔数，将 29 翻倍，然后加上前一个数，即 $29 \times 2 + 12 = 70$。

用数学中高端复杂的方式来表示，我们说佩尔数满足我们称为"递回关系式（recurrence relation）"的等式：

$P_0 = 0, P_1 = 1$ 且 $P_n = 2 \times P_{(n-1)} + P_{(n-2)}$

啊啊啊啊啊啊啊！别担心，它并不像看上去那么可怕。

我们从 $P_0 = 0$ 和 $P_1 = 1$ 开始，并将 $n = 2$ 代入规律中去，得到：

$P_2 = 2 \times P_1 + P_0 = 2 \times 1 + 0 = 2$。

$n = 3$ 时，我们得到 $P_3 = 2 \times P_2 + P_1 = 2 \times 2 + 1 = 5$。

$n = 4$ 时，我们得到 $P_4 = 2 \times P_3 + P_2 = 2 \times 5 + 2 = 12$… 以此类推。

验证下两个佩尔数是 29 和 70。

71

◎ 费马–卡塔兰猜想（Fermat-Catalan Conjecture）

$2^7+17^3=71^2$

你也可以自己算出来。如果你真的很热衷于此，你甚至都可以不用计算器，只用质量好的旧笔和纸就够了。继续吧，如果你真想这么做的话！

你将得到：

$128+4913=5041$

而这当然是正确的。

并且你可以发现 2, 17, 71 没有共同因数 —— 这是十分显然的，因为它们都是质数。由第 16 章你也许记得这表示 2, 17, 71 是相对质数，或者说是互质的。

你也可以做点巧妙的事情，如果你还记得初中早期的分数的话。注意看这个等式中的指数：它们是 7, 3 和 2。

现在将他们颠倒（别被吓到，那只是将它们变为分子为 1 的分数），然后将它们加起来：

$\frac{1}{7}+\frac{1}{3}+\frac{1}{2}=\frac{6}{42}+\frac{14}{42}+\frac{21}{42}$（我们把所有的分母都化成 42，这样我们就可以将它们加起来）$=\frac{41}{42}$，这个数比 1 小。

所以，将这个用更复杂的形式表示如下：

$2^7+17^3=71^2$ 是一个满足 $x^p+y^q=z^r$ 形式的等式，而 x, y, z 都是正整数、互质数，并且 p, q, r 为正整数，满足 $\frac{1}{p}+\frac{1}{q}+\frac{1}{r}$ 小于等于 1。

费马–卡塔兰猜想是以两个著名数学家的名字命名的，我们已经在此书中看到过他们了。令人印象深刻的是他们两人从来未曾谋面（他们生活的时代相差了 100 多年）！这个猜想认为只有有限的等式像以上这个例子一样满足上述所有的条件。

直到 2008 年，还只有 10 个数字被发现：

$1^6+2^3=3^2$（卡塔兰数）

$2^5+7^2=3^4$

$$7^3+13^2=2^9$$

$$2^7+17^3=71^2$$

$$3^5+11^4=122^2$$

$$17^7+76\ 271^3=21\ 063\ 928^2$$

$$1414^3+2\ 213\ 459^2=65^7$$

$$9262^3+15\ 312\ 283^2=113^7$$

$$43^8+96\ 222^3=30\ 042\ 907^2$$

$$33^8+1\ 549\ 034^2=15\ 613^3$$

严格地说，我们可以将 1^6 代替为 1^7，1^8 等，因此得到无限个等式，但是我们不这么做。

◎ 布鲁克问题（Brocard problem）

我们已经接触过阶乘了（见第 24 章）。

例如 $4!=4 \times 3 \times 2 \times 1=24$

而 $5^2=5 \times 5=25$

因此 $4!+1=5^2$

一种更复杂地阐述这件事的方式就是，让 $m=5$，$n=4$，它们满足 $n!+1=m^2$。找出满足此等式的整数解，叫作布鲁克问题。

我们还找出了 $m=11$，$n=5$，以及另外一对满足布鲁克问题条件的解。

杰出而怪异的数学家保罗·鄂多斯（Paul Erdös）认为布鲁克问题一共只有 3 对解。关于这个问题的最新消息来自这两个人：布鲁斯·伯恩特（Bruce Berndt）和威廉·戈尔韦（William Galway）。他们一直验证到 $n=1\ 000\ 000\ 000$，也没有找到其他解，因此鄂多斯也许真的是赢家。

◎ **小测试:** 求布鲁克问题的第三组解，提示：n 小于 10。答案在本书最后。

地球表面的 71% 被水覆盖,但在地球上的所有水源中,只有不到 1% 的部分是我们可以使用的淡水。

　　一个体积大约等于地球上所有水(海洋、冰盖、湖泊、河流、地下水、大气水,甚至是生命体中的水分 —— 那也包括你,兄弟)的球形,它的体积大约为 1 386 000 000 立方千米。

　　一个体积大约等于所有液态水(地下水,湖泊,沼泽,河流)的球形,它的体积大约为 10 633 450 立方千米。虽然其中 99% 是地下水,存在于地球表面之下,因此根本不容易被人类利用。

　　一个体积大约等于所有湖泊和河流中淡水,也就是我们容易接触到的水的球形,它的体积大约有 93 113 立方千米。

72

当你说话的时候，你的嘴巴里有 72 块肌肉在活动，这个数据常常被人提及。如果这是真的，那么说出"嗯 …… 对 …… 嗯 ……"看上去确实是一种浪费，不是吗？

◦ $72 = 2^3 \times 3^2$

更进一步，72 的 5 次幂（72^5），或者说是 1 934 917 632，等于 $19^5 + 43^5 + 46^5 + 47^5 + 67^5$。

事实上，72^5 是最小的能够表示为 5 个数的 5 次幂的和的 5 次幂数。

几种仅用 4 个 4 运算出 72 的方式（见第 4 章和第 68 章），它们特别可爱。尝试自己验证：

$$72 = (4! \times 4!) \div (4+4) = 44 + 4! + 4 = 4 \times (4 \times 4 + \sqrt{4})$$

◦ 一部美丽的电影

三天一共有 72 个小时，像罗素·克劳（Russell Crowe）美好的电影《危情三日》（*The Next Three Days*）中呈现的那样。

然而，这无疑不是罗素·克劳唯一一部将艺术和数学融合的影视作品。我认为，他的电影《美丽心灵》（*A Beautiful Mind*）出色地刻画了才华横溢但忧虑苦恼的美国人乔治·纳什（John Nash）。但这部电影在 2001 年奥斯卡金像奖颁奖典礼上被不公正地忽略了 —— 我绝没有想攻击天才的丹泽尔·华盛顿（Denzel Washington）和他在《训练日》（*Training Day*）中的表演的意思。

◦ **小测试**：72 可以被表示为 4 个连续质数之和。它也可以被表示为 6 个连续质数之和。请找出这两种表示 72 的方式。答案在本书最后。

◎ 内 角

将一个正五边形分成 3 个三角形（请记住三角形内角和为 180 度），我们可以计算出：

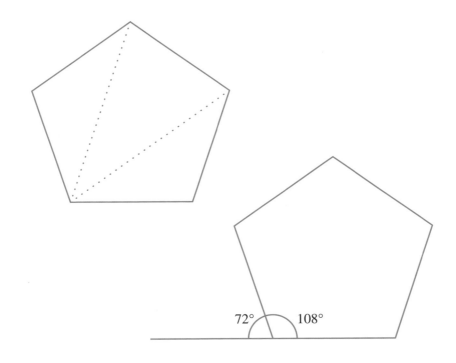

三个三角形的内角和是 3×180=540 度。

这些角度刚好等于正五边形 5 个内角的和。这 5 个角都相等，因此每一个角都等于 $\frac{540}{5}$ =108 度。

所以正五边形的内角等于 108 度。而我们知道一个平角的度数为 180 度。所以正五边形的外角为 72 度。

你可以用同样的方法算出正三角形、正方形（很显然）、正六边形、正七边形、正八边形等的外角和内角度数。

虽然柬埔寨的吴哥窟（Angkor Wat）大抵是最负盛名且瑰丽壮观的庙宇，事实上，在吴哥地区这样的庙宇有72座。

这些建筑杰作建造于公元900年到公元1200年，每年有200万名游客前往观光。如果你也在其中，请好好保护它。因为它是我们拥有的唯一。

73

◎ 生活大爆炸

我在这本书中已经花了很多时间告诉你我认为的最酷的数字是什么了。但其他人有他们自己的想法。在风靡全球的电视剧《生活大爆炸》（*The Big Bang Theory*）的 *Alien Parasite Hypothesis* 一集中，领衔极客界的谢尔顿·库珀（Sheldon Cooper）博士分享了这个：

谢尔顿：什么是最好的数字？顺便说一句，只有一个正确答案。

拉杰（Raj）：5 318 008？

谢尔顿：错！最好的数是73。（短暂的安静）你一定在思考为什么。

莱纳德（Leonard）和霍华德（Howard）：不，不，我们没有。

谢尔顿：73是第21个质数，它的镜面反射37是第12个，而12的镜面反射21是 —— 准备好大吃一惊吧 —— 7和3的乘积。我说谎了吗？

莱纳德：我们做到了！73是数字中的查克·诺瑞斯（Chuck Norris）[①]！

谢尔顿：查克·诺瑞斯万岁！在二进制中，73是一个回文数1001001，它反过来也是1001001，完全相同。

非常极客！

在这段对话中有一个美妙、隐藏的信息是，*Alien Parasite Hypothesis* 这一集是生活大爆炸的第73集，并且，吉姆·帕森斯（Jim Parsons），饰演谢尔顿·库珀的演员，于1973年出生。因此当这部电视剧向73，37致敬的那一集开始播放的时候，是2010年12月9日，他正好37岁。

---

①查克·诺瑞斯，1940年3月10日出生于美国俄克拉荷马州，空手道世界冠军、美国电影演员、动作片演员。后被用来表示某物为神一般的强大存在。

73 是英文表示方法中有 12 个字母的最小整数。（译者注：73 英文为 seventy-three）

◎ 谢尔宾斯基数（Sierpiński number）

不论 n 取何值，这个式子：

78 557 × 2^n+1 永远不可能是质数。它一定会有因数 3, 5, 7, 13, 19, 37 或 73。例如：

78 557 × 2^1+1=157 115=31 423 × 5

78 557 × 2^2+1=314 229=104 743 × 3

78 557 × 2^{11}+1=160 884 737=12 375 749 × 13

对任意 n 来说都是类似的情况。

不论你将什么值代入 n 中去，你都得不到一个质数，这是多么令人惊奇。

现在我们来看，78 557 不是使 k × 2^n+1 为非质数的唯一 k 值，事实上，波兰数学家瓦尔沃·谢尔宾斯基（Wacław Sierpiński）证明存在无数多个奇数 k。但其他数学家强烈认为 78 557 是最小的谢尔宾斯基数。

2002 年，一次有组织的分布式计算机攻击被启动，它的目的是测试最后 17 个小于 78 557 的数字，它们被认为不会生成质数。这次行动是由一个叫作 seventeenorbust.com 的网站运行的，它已经将可能值降低到了个位数。

✐ **小测试**：证明 78 557 × 2^3+1 能被 73 整除。你如果真的想要用计算器的话，那就用吧，但是，如果你像我一样对长除有偏爱，这是个让你为之疯狂的机会。

答案在本书最后。

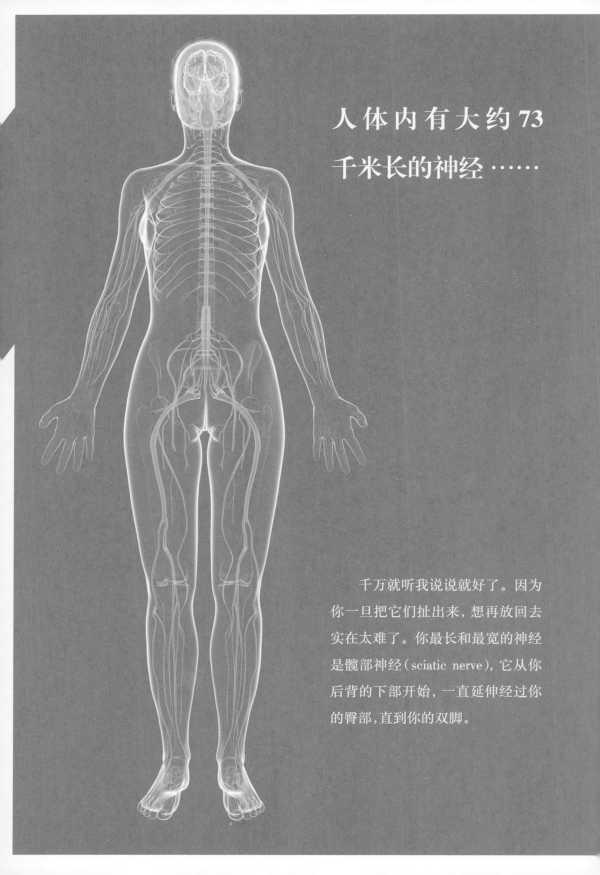

人体内有大约73千米长的神经……

千万就听我说说就好了。因为你一旦把它们扯出来，想再放回去实在太难了。你最长和最宽的神经是髋部神经（sciatic nerve），它从你后背的下部开始，一直延伸经过你的臀部，直到你的双脚。

74

◎ **开普勒球体堆叠**（Kepler sphere packing）

如果你将一些网球堆叠起来，或是堆叠炮弹，如果你是 17 世纪的海盗（对于这个情形，你也许想查看一下第 70 章）。在做这件事时，其实你的目标是尽量提高填充效率。

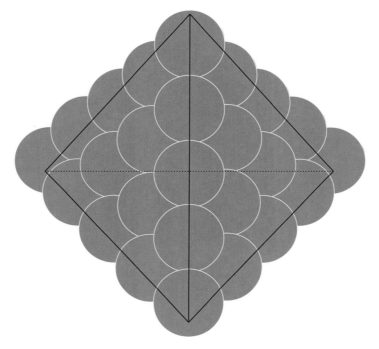

虽然约翰内斯·开普勒（Johannes Kepler）（他也是那个证明了行星在椭圆轨道上绕太阳公转的人）早在 1611 年就提出了这个问题，但直到 1998 年，超级计算机诞生后才证明他是正确的。

"开普勒球体堆叠"的填充效率，或者说密度，为 $\dfrac{\pi}{3\sqrt{2}}$，大约是 74%。

但如果我们离开球体这个话题，其实还有能更高效地排列的形状。

2004 年，以亚历山大·多内夫（Aleksander Donev）为领导的一个来自美国普林斯顿大学的团队将随机堆叠的球体和椭球体（ellipsoid）做比较，得出了一些相当重要的结论。

高棉语（Khmer）

高棉语是柬埔寨的官方语言。其字母表中的字母数量是所有语言中最多的，有 74 个。顺便说一下，世界上最短的字母表是巴布亚新几内亚的罗托卡特语（Rotokas），它只有 12 个字母。

伙计，美好的一天

所有阅读此书的外国读者，我推荐你们来澳大利亚旅游。我得告诉你们，景色绝美的圣灵群岛（Whitsundays）（就在昆士兰州旁，覆盖了整个大堡礁）包含了 74 个岛屿。

文身最多的人

74 岁的汤姆·莱帕德（Tom Leppard）来自英国，他身体 99.9% 的部分都被文身覆盖了。汤姆生活在斯凯岛（Isle of skye）上。他选择了类似猎豹表皮的设计，在皮肤上所有暗色斑点周围纹满橘黄色图案……啊，不，汤姆，我可不想知道另外的那 0.1% 在哪里！

看，当我们将球体一个一个叠成完美的开普勒形状时，我们得到了 74% 的填充效率，但如果我们将球体随机扔到一个容器中，它们很可能不会落成开普勒堆叠形状，而且会和其他球一起塞满空间，填充效率为 64%，并且每个球体在被塞得无法动弹之前平均会和 6 个其他球体碰撞。

当我们将一些椭球体倒入一个容器，它们可以充满容器的 68% 到 74%。而要达到 74% 这个堆叠效率，球体只有被仔细排放才行。

什么？你也许会问，是一个椭球体？它看上去很像一个被压扁的球体。但是多内夫给了一个更容易看懂的答案：M&M 或 Smarty 巧克力豆都是椭球体。

多内夫和他的团队用 M&M 豆做了试验，发现了一个典型的 M&M 豆在被塞得无法动弹之前要和 10 颗其他巧克力豆碰撞，这多余的自由空间解释了为什么它们能被更紧密地堆叠。M&M 豆堆叠效率为 68%，而其他椭球体高达 74%。

这本书较年轻的读者也
许在那时候还没出生——
我可不是指恐龙横行地球那
么久远的时候——而是当
音乐还被刻录在一种叫作
"压缩磁盘（compact disc）"
的东西里的时候。

我们为压缩磁盘取了一个时髦的名字——CD（因为我们就是这么酷!）不论怎样,最原始的CD直径为12厘米,它将信息存为16比特（bit）的格式。结果是它能储存74分钟的音乐。

一个十分受欢迎的关于为什么CD的内存是74分钟的说法是:索尼的会长盛田昭夫（Akio Morita）想让CD能储存最慢版本的贝多芬第九交响乐。因为这是他太太最喜欢的乐曲。这个说法从来没被证实,但如果这是真的,那么好样的,盛田,你可真浪漫!

1820 年，卢德维格·范·贝多芬的肖像。
来源:公共领域

75

◎ 五角锥数（pentagonal pyramidal number）

前五个五角锥数是（见第 22 章）：

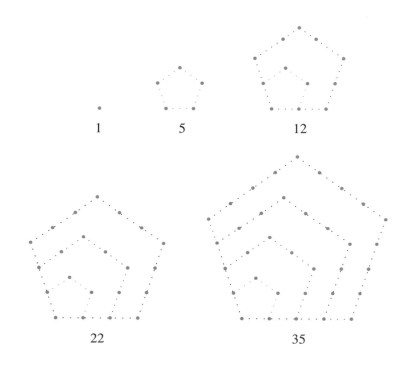

就像我们在第 55 章和第 56 章看到的那样，当我们将三角形数或正方形数加起来，可以得到五角锥数。1+5+12+22+35=75，因此在这里我们把 75 叫作第五个五角锥数。

当我说"我们"的时候，我得说实话，我在对话中极少用这个词，并且我假定你也是这样。让我们许诺这周暂且放下它。

小测试：五角锥数是 1，6，18，40，75，126，196… 这些数是由这个公式算出来的：$P(n)=\dfrac{n^2(n+1)}{2}$。因此，当 n=3 时，$P(3)=\dfrac{3^2(3+1)}{2}=\dfrac{9\times 4}{2}=18$。从 n=1，接着 n=2，一直继续到 n=10，算出前 10 个五角锥数。

答案在本书最后。

◎ 自我数（self number）

75 是第 19 个幸运数，关于这个，我们在第 25 章中就已经了解了，它也是一个基思数（见第 47 章）。它还属于一类十分罕见的数字，我们称之为自我数。

证明一个数不是自我数比证明它是自我数简单多了。

我们可以写下 30=24+2+4，那就是说，我们可以将 30 表示为一个数（24）和它每个数位上的数字（2 和 4）之和。

类似的有 8=4+4，46=41+4+1，83=73+7+3，99=90+9+0。

可是没有一个数和它各数位上的数字加起来等于 75。因此我们把 75 称作自我数。

✐小测试：1 是一个自我数，从 1 到 100 还有另外 12 个自我数。找出它们。（这个问题真的只是为你们中十分好学的人设置的。如果你跳过这道题，我不会苛刻地评判你。这题不难，但是很长！）[提示] 找出非自我数更加容易。先把它所有数位数字之和加 1，然后所有数位数字之和加 2，然后加 3，接着加 4，不断往上加。每进行一次，你都将得到一个非自我数，然后你就可以从 1 到 100 的数列中删掉这个数了。最后留下来的就是自我数。答案在本书最后。

◎ 一击无限

法国 75（French 75）是一种鸡尾酒的名字，它最先被记录在《皱叶甘蓝鸡尾酒》（*The Savoy Cocktail book*）（1930）这本书中，是由杜松子酒、香槟、柠檬汁和糖调制而成的。它于 1915 年在巴黎的纽约酒吧被调制出来，据说引起了惊人的轰动，人们都好像被法式 75 厘米野战炮猛烈炮击了一遍一样。

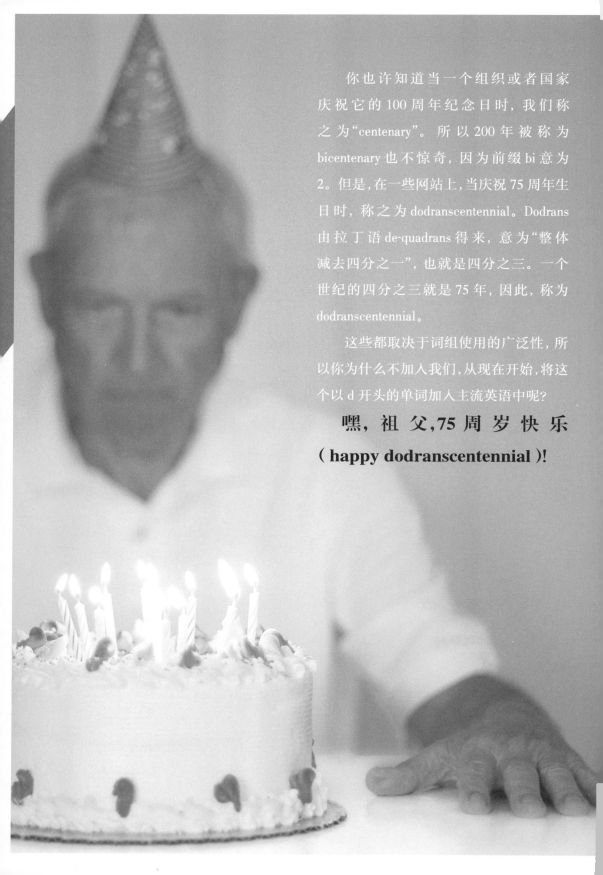

你也许知道当一个组织或者国家庆祝它的100周年纪念日时，我们称之为"centenary"。所以200年被称为bicentenary也不惊奇，因为前缀bi意为2。但是，在一些网站上，当庆祝75周年生日时，称之为dodranscentennial。Dodrans由拉丁语de-quadrans得来，意为"整体减去四分之一"，也就是四分之三。一个世纪的四分之三就是75年，因此，称为dodranscentennial。

这些都取决于词组使用的广泛性，所以你为什么不加入我们，从现在开始，将这个以d开头的单词加入主流英语中呢？

嘿，祖父，75周岁快乐（happy dodranscentennial）！

76

◎ 电话数（telephone number）

　　想象一下，下图中的四个圆圈代表的是四个已连接到电话设备的人。两个人之间的深色实线代表他们正在通电话。很显然，在任何时间段，不是所有人都得在线，但这个小镇也不允许有来电等待，因此你无法同时和两个人说话。

　　这个通话网络的运行一共有 10 种情形：

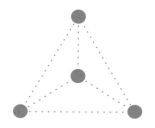

　　上图是没有人在听电话的情形，下面是 6 种只有一个电话线路接通，其余两个人空闲的情形：

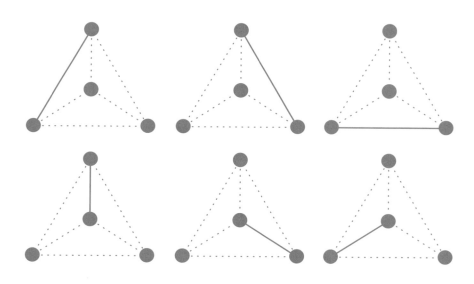

有 3 种两个电话线路接通、每个人都在打电话的情形：

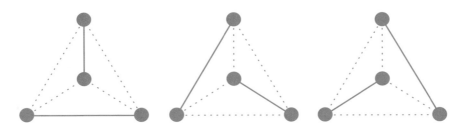

这 10 个可能的情形意味着 10 是第四个"电话数"。

从那个寂寞的可怜人开始，他无法和任何人说话：

到两个人，他们也许在通话，也许没有：

然后继续增加到更多的人数，电话数为 1,2,4,10,26,而第 6 个数是 76。

虽然我们看上去只是在制造一些愚蠢的数字，但电话数事实上在很多数学领域有很重要的用途，涉及很多不同的事物。

76 有点儿大了，但试试看你能不能得出 5 个人的 26 种通话形式。

澳大利亚作曲家阿诺德·舍恩伯格（Arnold Schoenberg）深受"十三恐惧症"的困扰（见第 13 章），他确信他会在 65=13×5，即 65 岁去世。实际上他活到了 70 多岁，但在 76 岁时，就在他朋友提出 7+6=13 之后，他经历了备受折磨的一年，最终在差 15 分钟到 77 岁的时候去世了。

◎ 哈雷万岁

英国科学家埃德蒙·哈雷（Edmond Halley）出生于 1656 年，一直活到了 86 岁，在他那个时代已经算十分长寿了。

年轻时候的埃德蒙热爱数学。他还发明了一个潜水钟，有一次，他在泰晤士河底潜了 4 个小时。他在会计和金融领域也都有突破，且会阿拉伯语。最终他还成为英国有史以来第二个皇家天文学家。

但埃德最为著名的成就还是发现了一系列发生在 1456，1531，1607，1682 年的彗星现象，事实上都是同一个彗星，他预测它在 1758 年会重现。他在彗星回来之前就过世了，但当彗星真的回来的时候，它被命名为哈雷彗星（Halley's Comet）。

哈雷彗星也许是最广为人知的一颗彗星，在地球上每 76 年可见一次。人们最后一次看见它是 1986 年 2 月 9 日。然而，关于彗星的公转周期到底是 75 还是 76 年，还存在争议。

其他听上去很酷的彗星名字包括苏梅克－列维（Shoemaker-Levy）彗星，庞斯－温尼克（Pons-Winnecke）彗星，贾可比尼－秦诺（Giacobini-Zinner）彗星，以及施瓦斯曼－瓦赫曼（Schwassman-Wachman）彗星。

我得承认我对这个话题存在偏见，但我最爱的宇宙石块是小行星 18413 Adamspencer，由澳大利亚行星探测专家罗伯特·H. 麦克诺特（Robert H. McNaught）命名。它在火星和木星之间呼啸而过，并不怎么特殊，但我异常骄傲它是以我的名字命名的。

77

这个怎么样? $7^7+77^7+777^7+2=170\ 980\ 732\ 128\ 390\ 323\ 351$ 是一个质数,它的所有数位上的数字之和 —— 你还坐着吗 —— 是 77。

名为传声头像(Talking Heads)的朋克乐队 1977 年发行了他们出道以来的第一张唱片,名叫《传声头像: 77》(*Talking Heads: 77*)。

◎ 另一个巨大的质数

还记得阶乘吗? 如果你忘记了,请看一看第 6 章提醒你自己。现在,我们知道 77!+1 是一个质数。相信我,它有超过 100 个数位,要证明这个简直就是一个噩梦。满足 *n*!+1 为质数的 *n* 为 n=1,2,3,11,27,37,41,73,77,且现今已知的最后一个数为 150 209!+1,它有 712 335 个数位那么长。

我知道你很好奇,所以走起来: 77!+1=145 183 092 028 285 869 634 070-784 086 308 284 983 740 379 224 208 358 846 781 574 688 061 991 349-156420080 065 207 861 248 000 000 000 000 000 001

◎ 77 的一些分拆

将 12 分拆为正整数之和的不同方式有 77 种。这不难证明,只是需要时间和对细节的注意(见第 4 章)。

我们继续这个话题,自己检验前 8 个质数的和是 77,记住 1 不是质数(见第 1 章)。

现在你已经热身好啦,开始做小测试吧。

◈**小测试:** 将 77 写作三个平方数的和。注意有两种方式。

答案在本书最后。

◎ 瑞典语 77

在英语中，77 是最小的由 5 个音节组成的正整数。

但在瑞典语中，77，sjuttiosju，十分难发音，因此第二次世界大战时，在瑞典和挪威的边境线上，它是一个极受欢迎的口令。士兵很容易判断出说话者是来自瑞典、挪威还是德国。

◎ 77 的黄金时间

在第 94 章中我们将遇到克里斯琴·哥德巴赫（Christian Goldbach）以及"弱哥德巴赫猜想（Goldbach's weak conjecture）"。这个猜想称所有奇数都可以被表示为至多 3 个质数的和。

对于质数，我们显然可以将它表示为仅仅一个质数的和，也就是它们自己，例如：37=37。

并且，对于每一个质数，我们都可以将下一个奇数表示为前者加上 2，例如：55=53+2，69=67+2。

但有些奇数需要弱哥德巴赫猜想中的所有 3 个质数才能表示。其中一个质数就是 77。

你可以将 77 表示为 77=3+3+71=5+5+67=3+7+67=11+29+37，以及其他很多种方式。

但因为 77 不是一个质数，它比 75 大 2，而 75 不是一个质数，因此你没法将它表示为它自己，或者一个质数加 2 的形式，所以你需要 3 个质数。多么简单！

 小测试：77 是从 1 到 100 中无法表示为两个质数之和的所有 9 个奇数合数之一。找出其他这样的数。提示：写出 1 到 100 之间的全部奇数，然后去掉所有能表示为一个质数加 2 的数。答案在本书最后。

在 2005 年的第 77 届奥斯卡颁奖典礼上，凯特·布兰切特（Cate Blanchett）因为电影《飞行家》（*The Aviator*）获得了奥斯卡最佳女配角奖，她在影片中饰演了杰出的凯瑟琳·赫伯恩（Katharine Hepburn），而后者自己也曾在 1934 年和 1982 年获得过奥斯卡最佳女主角奖。

◎ 数独（Sudoku）

我们之前了解到一个数独游戏如何需要至少 17 个已知数字才能得到唯一的答案。

另一方面，在 2006 年，让·保罗·德拉耶（Jean-Paul Delahaye）在《科学美国人》（*Scientific American*）上发表的精妙论文中给出了以下形式的数独。虽然 77 个数字都已定好，但仍然没有唯一的答案，因为最上面一行可以是 1,2，而第四行可以是 2,1，反之亦然。

		3	4	5	6	7	8	9
4	5	6	7	8	9	1	2	3
7	8	9	1	2	3	4	5	6
		4	3	9	8	5	6	7
8	6	5	2	7	1	3	9	4
9	3	7	6	4	5	8	1	2
3	4	1	8	6	2	9	7	5
5	7	2	9	1	4	6	3	8
6	9	8	5	3	7	2	4	1

78

◎ 第 12 个三角形

78 是一个盈数,也是第 12 个三角形数。让我们来玩一玩三角形数。

100 以内的三角形数是 1,3,6,10,15,21,28,36,45,55,66,78 和 91。现在,将两个相邻的三角形数相加,如 3+6=9,21+28=49 或者 66+78=144。

你发现了什么? 看上去每次将两个相邻的三角形数相加的时候,我们都得到了一个平方数:$9=3^2$,$49=7^2$,$144=12^2$。如果你检查一下,你会发现在这个数列的所有部分,这个情况都在发生。到底发生了什么呢?

看图最容易发现答案。让我们将 21 和 28 相加,看一看这些三角形数:$21+28=49=7^2$。

因此 7×7 的正方形很显然是由一个直角边为 6 的和一个直角边为 7 的等腰直角三角形拼接而成。每次你将两个相邻的三角形数加起来时,这个情况都会发生。

如果你想得到关于这个的非常酷的公式,将 T_n 用第 n 个三角形数表示出来,你将得到 $T_{(n-1)}+T_n=n^2$。

◎ 你的每一次呼吸

虽然我们所吸入的空气提供给我们人体所需的氧气,但事实上其中 78% 是氮气,氧气仅仅占了大气的 21%,氩气占其余的 1% 左右。

但这不单单关乎多少 —— 没有了氧气我们很快就会变成仙人掌。但当二氧化碳的浓度达到大气的 0.04%,或者说仅仅是 400 百万分比浓度(ppm)的时候,科学家就会表示强烈的忧虑,如果它继续上升到看似无害的 0.05%(500 ppm),就说明我们对环境造成了极大破坏。

重新回到第 74 章,我向你们中的许多人介绍了 CD 的概念……

好吧,当我还是一个小男孩的时候(别担心,我知道那是很久以前的事了),CD 还没有登上历史舞台。

我们用人们称为"唱片"的东西播放音乐。它们是由塑料做成的,有一个沟槽,从外部螺旋卷入中心。你将一个从可移动臂上垂下的针状物体放在唱片凹槽上,然后唱盘使唱片旋转起来。之后令人惊奇的事情发生了,没有人可以理解它。在你知道原理之前,你就在听 1983 年最流行的歌曲啦。从 1900 年到 1950 年,大多数唱片每秒转动 78 圈。然而,摇滚乐出现后,唱片被录音磁带,或者 LP(long player)所替代,

它们每分钟旋转 33 1/3 次,而单曲唱片(single)则是 45 次。这些都是正反两面都有音乐,称为 1 面和 2 面,或者 A 面和 B 面。记住:当你听完一面之后,你需要起来,走近那个唱片机,打开盖子——这可不是我编的——将臂挪离唱片的中心,而此时唱针还在凹槽内旋转。将臂重新放回托架上,你得非常小心不能破坏唱针或者唱片,拿起唱片,把它翻过来,然后将唱针小心翼翼地重新拿到唱片上方,放在细带(就在音乐嵌入的旁边)上。这有多简单啊?老实说,这整个步骤只需一分钟,或者两分钟。

啊,那些古老的时光啊……

一个网球场有 78 英尺 (约 24 米) 长, 36 英尺 (约 12 米) 宽。但它常常不够我在里面发个球!

◎ 跳跃的贵族!

因为 78 是第 12 个三角形数, 如果你要给你的真爱所有 12 天的圣诞节的礼物, 你应该给我 12 (个打鼓的鼓手) +11 (个吹笛子的吹笛手) +10 (个跳跃的贵族) +9 (个跳舞的淑女) +8 (个挤牛奶的女佣) +7 (只游泳的天鹅) +6 (只下蛋的鹅) +5 (个金戒指) +4 (只唱歌的小鸟) +3 (只法国母鸡) +2 (只斑鸠) +1 (只在梨树上的鹧鸪) =78 个礼物。

如果有任何人知道我可以从哪里的梨树上抓一只鹧鸪的话,请给我回电。

[译者注: 此段源于英文歌曲《圣诞节的十二天》(*the Twelve Days of Christmas*)]

◎ 塔罗纸牌 (Tarot) 及其他

你们中那些热爱塔罗纸牌的人 (我想肯定有一些), 一定知道在标准的塔罗纸牌中一共有 78 张牌 ——22 张大阿尔克那牌 (major arcana) 和 56 张小阿尔克那牌 (minor arcana)。

Pinochle 有 48 张牌, Euchre 有 24 张, Five Hundred 有 43 张。

标准西班牙牌或者 Baraja Espanola 以及 Alcalde, Brisca, el Mus 等, 需要 40 张牌。

Uno 有 108 张牌。如果你对非常受欢迎的四人对弈的奥地利棋牌比赛 Bauernschnapsen 十分感兴趣的话, 你需要 20 张牌。任何 Bauernschnapsen 的热衷者不需要我说, 就知道它是由一个名字是 66 的德国游戏 Sechsundsechzig 演变而来的。

79

公元 79 年，维苏威火山（the volcano Mount Vesuvius）爆发，摧毁了庞贝（Pompeii）和赫库兰尼姆（Herculaneum）这两座城市，夺去了约 16 000 人的生命。

如今，有大约 3 000 000 人口住在维苏威火山边，使它成为地球上人口最密集的火山带。

给你看：$79=2^7-7^2$。嘿，是不是妙极了？

◎ 表亲素数（cousin primes）

我们已经看到过孪生素数了，即以（p, $p+2$）形式出现的质数，例如（3,5），（5,7），（11,13）等。

嗯，如果一对质数相差 4，而不是 2，那么它们被称为表亲素数。例如 79 和 83 都是质数，且相差 4，因此（79,83）是表亲素数。

截至 2006 年 1 月，已知的最大表亲素数对为（$630\,062×2^{37\,555}+3$，$630\,062×2^{37\,555}+7$），它们每个都有 11 311 个数位那么长。

◎ **小测试：** 找出 1 到 100 之间的所有表亲素数。答案在本书最后。

说到数字 79 的质数性质，它也是一个"欢乐素数（happy prime）"，因为当你将质数 79 倒过来时，你得到 97，它也是质数，我们把 79 称为"emirp"（就是 prime 倒过来写的形式）。

它记载了古埃及的多种不同的数学问题。它为洞见古埃及人如何数数、计算和使用数学推理提供了无与伦比的资料。特别是，它共记载了 84 个问题，涵盖了从整数和分数的简单等式到 π 的近似值等领域。

莱因德纸草书中的一个问题是著名的 "79 问题（Problem 79）"，它是用僧侣书字体（hieratic）（一种象形文字的斜体）书写的，如下：

有 7 个房子。

每个房子里有 7 只猫，

每只猫杀了 7 只老鼠，

每只老鼠吃了 7 颗大麦种子，

每粒种子可以生出 7 个 hekat（古埃及谷物、果实以及液体容积度量单位）。

那么这些东西的总数是多少？

这也和一首著名的诗歌很相似：

当我要走向圣艾夫斯（St. Ives）的时候，

我遇到了一个男人，他有 7 个妻子，

每个妻子有 7 个麻袋，

每个麻袋里有 7 只猫，

每只猫有 7 只猫宝宝：

猫宝宝、猫、麻袋，和妻子，

到底有多少东西属于圣艾夫斯？

数学家很爱这个谜题，因为它的答案包含了我们称之为 "等比数列（geometric series）" 的东西。等比数列就是一系列数字，你将每一个数字乘以一个数，可以得到下一个数。

因此 2，6，18，54… 是一个等比数列，首项为 2，比例常数为 3。

在这个问题里，一共有 7 幢房子，每一幢中有 7 只猫，所以我们有 7×7 只猫。而每 7×7 只猫要杀掉 $7 \times 7 \times 7$ 只老鼠，然后老鼠的肚皮中就有 $7 \times 7 \times 7 \times 7$ 颗大麦种子，而它们将产生 $7 \times 7 \times 7 \times 7 \times 7$ 个 hekat。

因此所有东西的总数是：

$7 + 7^2 + 7^3 + 7^4 + 7^5 = 19\ 607$

（背景图片）莱因德纸草书的一部分。

分析机的发明者,查尔斯·巴贝奇(Charles Babbage),在 79 岁的时候去世了。

虽然这个机器从来没出现在细致的设计图以外的地方,但它和现今的计算机十分相似。巴贝奇从未制造过一个可运行的、机械的计算机,但他的设计概念被证明是正确的,且最近人们按照巴贝奇的要求制造出了计算机。在他死后,一名英国委员会成员在被问及对此设计可行性的评价时说:"它的成功实现可能是计算机历史中一个与算法的出现同样值得被纪念的时代。"我可以为和巴贝奇一起工作的阿达·洛芙莱斯(Ada Lovelace)叫好吗? 她写下了第一个计算机程序。好样的,姐姐!

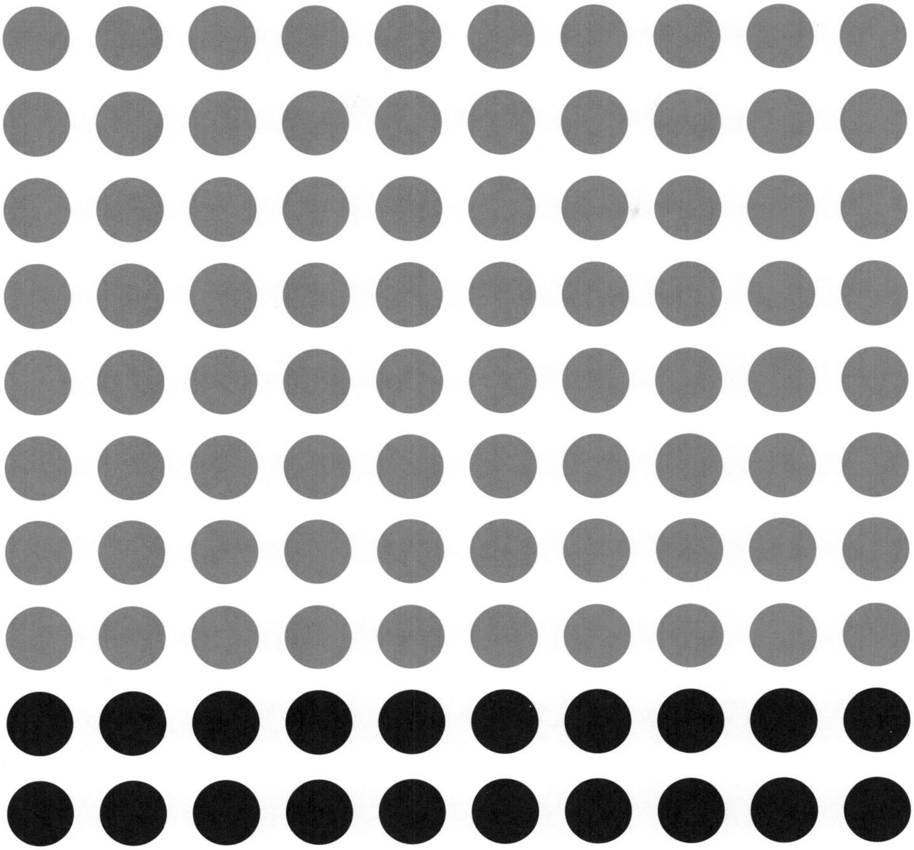

80

80 是一个哈士德数（Harshad number）。我告诉你这个，就是在帮你回答第 84 章的小测试问题，那个问题就是解释什么是哈士德数。然而我得申明，这真是个残酷的问题！

◎ 大卫魔法星（magic star of David）

魔方的一种变异就是大卫魔法星。就像下图展示的那样，用数字 1 到 12 填满空格，一共有 80 种不同的填充方式。

一共有 6 行，每一个空格都在两行中被用到，因此很显然，如果所有行加起来都是相等的数，那么这个数等于 [(1+2+3+4+5+6+7+8+9+10+11+12)+ (1+2+3+4+5+6+7+8+9+10+11+12)] 除以 6，得到对所有魔法星都适用的常数 26。

✍ **小测试：** 你能解决下面的大卫魔法星吗？

答案见本书最后。

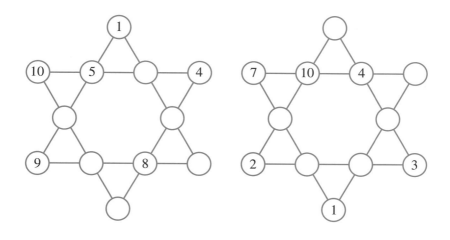

鹦鹉可以活到 80 岁。鹦鹉波莉（Polly）想要薄脆饼干？[译者注：涅槃乐队（Nirvana）有一首歌是《波莉》（*Polly*）。其中第一句就是波莉想要薄脆饼干（Polly want a cracker），这里波莉指鹦鹉]

罗马圆形斗兽场（the Roman Colosseum）在公元 80 年建成。

◎ 嘘！想买 1500 万个钻石吗？

在一个晴朗无月的夜晚，你的眼睛可以看见 80 千米远的被点亮的蜡烛。

说到发光的东西（和 80 没有关系，但实在是太酷了，我没法不收入此书中），你知道一根点亮的蜡烛每秒可以产生 1500 万个微型钻石吗？

但在你跑去买一千根蜡烛和网罩之前，我得告诉你，这些纳米大小的宝石几乎瞬时就被燃烧成二氧化碳了。

◎ 回到比赛中去

你经常听到一个体育团队中出色的运动员退役时他的号码也"退役"了，但在 2004 赛季的第 6 场比赛中，西雅图海鹰队（Seattle Seahawks）做了件十分罕见的事情。美国国家橄榄球联盟（NFL）的传奇外接员史蒂夫·拉金特（Steve Largent）允许他的号码 80 "不退役"，因此新雇用的另一个传奇杰瑞·赖斯（Jerry Rice）可以继续穿着史蒂夫曾经在他的年代，在奥克兰和圣弗朗西斯科获胜的号码的球衣。

荷兰革命（the Dutch Revolt）或者又名"80 年战役（Eighty Years War）"持续了——你准猜到了——80 年。

革命爆发于 1568 年，发动者是包括威廉·奥兰治（William Oranje）在内的许多人，革命的对象是菲利普二世（Philip the Second），虽然他是西班牙裔，但却统治着荷兰哈布斯堡王朝（Habsburg Netherlands）。革命于 1648 年结束，荷兰共和国（Dutch Republic）终于被承认是一个独立国家。

你只能假定没有荷兰人活着经历了这整场战争。

81

◎ 伯恩斯先生

在《辛普森一家》（*The Simpsons*）一剧中最容易让人憎恨的亿万富翁就是查里斯·蒙哥马利·金雀花·斯奇克格鲁伯·伯恩斯（Charles Montgomery Plantagenet Schicklgruber Burns）了。他在《辛普森和戴利拉》（*Simpson and Delilah*）这一集中对霍默（Homer）说他 81 岁，而在《谁射击了伯恩斯先生》（*Who Shot Mr. Burns*）一集中似乎是 104 岁。还有一次他宣称自己是 123 岁，然后在另一个情景中，他在回答自动取款机对他年龄的提问时输入了四位数，所以他大约超过 1000 岁了。不管怎样，我确信当他听到自己被写到了这本书里，他一定会认为这"太棒了"。

◎ 9×9 幻方

因为 81 是一个完全平方数，所以我们可以将数字 1 到 81 制作成一个 9×9 的幻方。要想再看看什么是幻方，请见第 9,13,34,64 和 65 章。现在还不知道幻方是什么真的没有什么借口了！

但当你问"一共有多少个不同的 9×9 幻方呢"，我们也不知道。有 880 个 4×4 幻方，275 305 224 个 5×5 幻方，而对于 6×6 幻方，我们估计得有惊人的 17 745 000 000 000 000 000 种排列方式了。我们根本无法计算多于 7×7 或者更高阶的幻方。

嘿，但让我们来试一试这个好吗？

我们从计算下一页幻方里所有列出的数字之和开始。嗯，我们知道这整个幻方都是由 1 到 81 这些数组成的，因此幻方中所有的数字加起来等于：

$$1+2+3+4+\cdots+78+79+80+81$$

这看上去很可怕,但重新排列数字的顺序,用这样的方式看这个式子:

1+81+2+80+3+79+4+78+…+40+42+41

最后你得小心一点儿,保证不漏掉 41。

现在,1+81=82,同样地,2+80,3+79,4+78 直至 40+42 都等于 82,因此我们有 40 对这样和为 82 的数,且有一个 41 剩余。因此:

1+2+3+…+81=(1+81)+(2+80)+(3+79)+…+(40+42)+41=40×82+41=3321

幻方一共有 9 行,且它们都相等,因此它们必须每一行加起来都等于 $\frac{3321}{9}$=369。

这里就是"谁也不知道有几个"的常数为 369 的 9×9 幻方的其中一种可能性。

1	16	51	30	45	77	56	71	22
41	47	61	67	73	9	15	21	35
69	75	8	14	20	34	40	46	63
13	19	36	42	48	62	68	74	7
53	32	64	79	58	12	27	6	38
81	60	11	26	5	37	52	31	66
25	4	39	54	33	65	80	59	10
29	44	76	55	70	24	3	18	50
57	72	23	2	17	49	28	43	78

81

81 是唯一一个平方根等于各位数字之和的数字（除了 1 和 0）。对于 81，我们有 8+1=9，而 9 是 81 的平方根。81 同时是平方数，也是七次方数（heptagonal），虽然这在字面上看起来有点儿矛盾。

保持驾驶

如果斯蒂芬·金（Stephen King）2011 年的小说《81 英里》（Mile 81）告诉了我们什么道理，那就是如果你看到一架坏了的四轮马车，保持驾驶，因为如果你不这样做，马车可能会把你给吃了！

地狱天使

81 是地狱天使摩托自行车俱乐部（Hells Angels Motor Cycle Club）的标志性数字。H 在字母表中是第 8 个字母，而 A 是第 1 个，因此 HA（俱乐部名字首字母的缩写）可以表示为 81。我觉得这听上去十分合情合理，但是说实话，即使我觉得这有点傻，我也不会愚蠢到写在书里。

当我们把 $\frac{1}{81}$ 写作小数形式时，将得到 0.012345679 012345679 012… 也就是说，9 个数字不断地重复，从 0 到 9，除了 8。这是为什么呢？

这里有一个 $0.012345679\ 012345679\ 012345679\cdots=\frac{1}{81}$ 的证明

令 x=0.012345679 012345679 012345679 0…

那么 10x=0.12345679 012345679 012345679 0…

且 100x=1.2345679 012345679 012345679 0…

且 1000x=12.345679 012345679 012345679 0… 以此类推。

我们每一次将 x 扩大 10 倍时，小数点就向右移一位。

继续这样做，最终你会得到：

1 000 000 000x=12 345 679.012345679 012345679 0…

而我们一开始假定 x=0.012345679 012345679 012345679 0…

并且因为这两个数的小数部分完全相同，我们让它们相减就可以得到：

1 000 000 000x−x=12 345 679.0123456790…−0.0123456790… 因此 999 999 999x=12 345 679

两边各除以 999 999 999，我们得到：

$$x=\frac{12\,345\,679}{999\,999\,999}=\frac{1}{81}$$

82

参议院罗伯特·F. 肯尼迪 (Robert F. Kennedy) [被刺杀的美国总统乔治·F. 肯尼迪 (George F. Kennedy) 的兄弟] 在 1968 年 3 月 16 日开始了他的竞选活动。竞选持续了 82 天,直到这个颇有希望的民主党候选人在那年 6 月 6 日被刺杀。

斯威士兰王国的国王索布扎 (King Sobhuza) 在刚出生 4 个月时继承王位,一直统治了该国 82 年。据斯威士兰王室权威宣称,他有 70 个妻子,在 50 多年的时间中,生了 210 个小孩。在他去世的时候,已经有超过 1000 个孙辈了。

◎ 非常迷信

2014 年年中,有人披露悉尼马上要建成的最高住宅楼房将多至 82 层,然而它实际上仅有 66 层楼。这是为什么呢?很多亚洲文化对数字 4 十分迷信,因为在一些语言中数字 "4" 和 "死" 读音相似。因此这幢建筑没有第 4,14,24,34,40,41,42…49,54,64 和 74 层。

这些对我来说十分奇怪,但绝没有大多数宾馆中缺了第 13 层那么奇怪。

◎ 铅 (plumbum)

82 是柔软、可延展的金属铅 (Pb) 的原子数。

铅的熔点在 327.46 摄氏度 (621.43 华氏度),如果你不喜欢熔化的铅,想要煮沸它,那么你得将整个系统升到诱人的 1749 摄氏度 (3180 华氏度)—— 不用说,你可不想在保护层里面穿个针织套衫。

当一组铅原子以晶体结构（crystal structure）的形式聚集在一起时，它们会形成一个面心立方体（译者注：原子分布在立方体的各结点和各面的中心处的结构，称为面心立方体）。

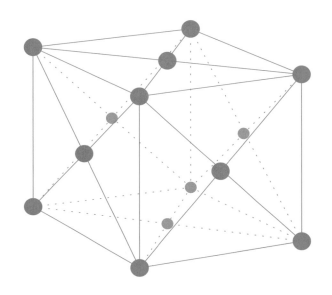

你也许会问，为什么用 Pb 这个符号表示铅呢？好吧，历史上，铅很早就被使用了 —— 在现今土耳其地区发现的金属铅珠已经有超过 8000 年的历史了。

没有比熔化一点儿铅更让罗马人喜爱的事情了 —— 他们用了大量的铅建造建筑、水管道系统以及其他东西。所以 Pb 这个符号来源于拉丁文 plumbum，意为"铅"，它也给了我们"plumbing"（译者注：用铅锤测量）这个单词。

当我为了这本书研究并发现这个知识的时候，我非常高兴 —— 第一，因为我爱学习新事物；第二，你不是每天都有机会写"plumbum"这个词的。

一个标准的圆靶（dartboard）
有 82 个部分——1 到 20 的
每个数都有 4 个部分，还有内
圈和圆心。

83

◎ 欧几里得超级无敌棒

83 是一个质数。大约 2300 年以前，著名的古希腊数学家欧几里得（Euclid）在他的大部头著作《几何原本》（*Elements*）第 9 卷命题 20 中证明了存在无数个质数。这个伟大的人是这样做的：

让我们假定质数一共有有限的 2,3 和 5,然后就没有了。

然后想想这个数：（2×3×5）+1=31。

让我们用这里的每一个质数去除 31。

显然它没法被 2 整除,因为 2 可以整除 2×3×5,之后你得到余数 1,那来自最后的 +1。

相似地,它也没法被 3 或 5 整除,因为每一次相除都会留下余数 1。

因此如果我们假定所有质数数列仅是 2,3 和 5,我们就可以创造一个新数 31,它要么是一个新质数,要么是一个合数,且能够被不在此质数列中的一个质数整除。不管是哪一种情形,这个假定的质数列都不是完整的。

任何时候当有人说"质数数列是有限的,这个数列就是"时,你都可以像我刚才做的那样,先将它们相乘,然后加 1,研究这个新数时,你就可以证明这个数列是不完整的。

所以世上从来没有有限的质数数列。一定是一个无限的质数数列。

出色的证明! 欧几里得,你真的太棒了。

同时,我们知道一定存在一个已知的最大质数。要看看我们发现的最大质数,请见第 31 章。

我们接着要弄清楚为什么 83 是一个"安全质数（safe prime）"。但在作为安全质数的同时,因为 83 和 83+6=89 都是质数,我们把 83 称为"sexy prime"（译者注:可翻译为"性感的质数"）! 如果你正在努力为"sexy prime"兴奋起来的话,别担心,"sexy prime"中的"sex"指的是拉丁语中的 6（six）。

《危险，危险！》（Danger, Danger!）

天真的威尔·鲁宾孙（Will Robinson），笨重的机器人，以及不幸的史密斯先生都被放进了连续剧《迷失太空》（Lost in Space）的第 83 集《危险，危险！》中。他们中的任何一个都比无比逊色的 1998 年由马特·勒布朗（Matt LeBlanc）主演的电影《迷失太空》强得多。

瓦努阿图（Vanuatu）

是一个位于太平洋西南部，由在新喀里多尼亚（New Caledonia）和斐济（Fiji）中间的 83 个岛屿组成的群岛（archipelago）。其中主要岛屿是埃法特岛（Efate），也是维拉港（Vila）所在地。

1812 年发生的事

来自美国佛蒙特州（Vermont）的 8 岁小孩齐拉·科尔伯恩（Zerah Colburn）在拜访欧洲的时候展示了他的才能。他可以瞬间算出 2 个 4 位数的乘积。当问到 171–395 的因数时，他很快给出 5、7、59 以及，对啦，83。真是聪慧！

◎ 安全质数

83 可以写作 3 个连续质数和 5 个连续质数的和。你能找出它们每一个数吗？

$2 \times 83 + 1 = 167$，167 是一个质数，因此 83 是一个索菲热尔曼素数（Sophie Germain prime）（见第 89 章）。

但 83 也是一个安全质数。如果一个质数可以被写作 $2p+1$ 的形式，且满足 p 为质数，那么这个质数就是一个安全质数。

因为 $83 = 2 \times 41 + 1$，且 41 是质数，所以 83 是安全质数。

安全质数可能听上去没什么亮点，但它们事实上在密码使用法（cryptography）中有很重要的用途。

✍ **小测试**：100 以内有 7 个安全质数。我们知道 83 是其中之一，请找出其他 6 个。除了前两个小于 10 的数，其余的四个数和 83 有什么相似之处？

答案在本书最后。

在阿拉斯加地区
有 83 个 "禁 酒"
小镇和乡村

另外，费尔班克斯镇（Fairbanks）是一个驼
鹿的禁酒小镇，在那里给驼鹿喂任何酒精饮料
都是违法的。显而易见它们的酒量可不好。

84

◎ 天王星元年（Uranus year）纪念日快乐！

天王星上的一年（绕太阳公转一周的时间）为 84 个地球年。颇具才华的植物学家、谱曲家和望远镜设计者威廉·赫歇尔（William Herschel）发现了我们太阳系中第三大的行星 —— 天王星，但他却着急地在 83 岁零 9 个月的时候去世了，正好没能度过一个天王星年。

◎ 丢番图方程（Diophantine equations）

古代世界最著名的数学家之一就是丢番图，丢番图方程（有整数解的方程）就是以他的名字命名的（见第 61 章）。丢番图也是个为数学痴狂的人，甚至据说在丢番图的墓碑上刻着著名的《希腊诗选》中的一个谜题或者一个方程：

他一生的六分之一是幸福的童年，

十二分之一是无忧无虑的少年，

再过去七分之一的时间，

他建立了幸福的家庭。

五年后儿子出生，

不料儿子竟先其父而终，

只活到父亲岁数的一半。

晚年丧子的老人真可怜，

在悲痛之中度过了四年的风烛残年。

请你算一算，丢番图活到多大，

才和死神见面？

◉ **小测试：** 你能证明这个谜题的答案是丢番图活到了 84 岁吗？答案在本书最后。

DIOPHANTI
ALEXANDRINI
ARITHMETICORVM
LIBRI SEX,
ET DE NVMERIS MVLTANGVLIS
LIBER VNVS.

Nunc primùm Græcè & Latinè editi, atque abfolutißimis Commentariis illuftrati.

AVCTORE CLAVDIO GASPARE BACHETO
MEZIRIACO SEBVSIANO, V.C.

LVTETIAE PARISIORVM,
Sumptibus Sebastiani Cramoisy, via
Iacobæa, fub Ciconiis.

M. DC. XXI.
CVM PRIVILEGIO REGIS.

◎ 那真难（那真是哈士德数）[That's harsh(ad)]

（译者注：harsh 即困难的意思，而其后加 ad 成为 harshad 即哈士德数）

84 是一个盈数（见第 12 章），同时也是一个哈士德数。

一个能被它自身各位数字之和整除的数叫作哈士德数。

84 是一个哈士德数，因为 8+4=12，而 84=12×7。

类似地，1729 也是一个哈士德数，因为 1+7+2+9=19 且 1729=19×91。

显然仅有个位数的数字都是哈士德数，同样也适用于 10 的倍数。举个例子：对于 50 来说，5+0=5，而 50=5×10。

📖 **小测试：** 请找出从 10 到 100 的所有哈士德数。警告：这大概要一会儿时间，但想想做成后的成就感吧！答案在本书最后。

◎ 1984 以及关于它的一切

1984 年因乔治·奥威尔（George Orwell）的同名小说而名垂千古。受乔治的巨著启发，戴维·鲍伊（David Bowie）创作了一首超棒的摇滚乐曲 …… 你猜到了，叫作《1984》，它出现在《钻石狗》（*Diamond Dogs*）这张专辑中。然后，英国电影导演麦克·雷德福（Michael Radford）制作了一部电影，我假定，相对戴维受到的启发而言，麦克从乔治那里得到的启发更多一些。你永远不会猜到 …… 这部电影叫作《1984》，它的杀青是在 …… 继续猜 …… 瞎猜一个吧 …… 啊，你怎么知道？也是在 1984 年。

1984 年，我没有取得男子 100 米田径项目决赛的比赛资格。这个赛事的冠军是卡尔·刘易斯（Carl Lewis），他用时 9.99 秒。

别为我感到太遗憾，我 100 米跑得可没那么快，我也没进入赛场。

85

◦ 领　带

　　我最喜欢的将严肃的数学问题用于日常生活的例子之一就和 85 有关。

　　假设我们在尝试系领带。对于这类花哨且复杂的事，我们经常会采用趣味的方法来记忆，类似"一只狐狸跑出洞，看见一只小兔子，狐狸追着兔子绕树跑"。任何系领带的方式都基于以下这几个简单的步骤：

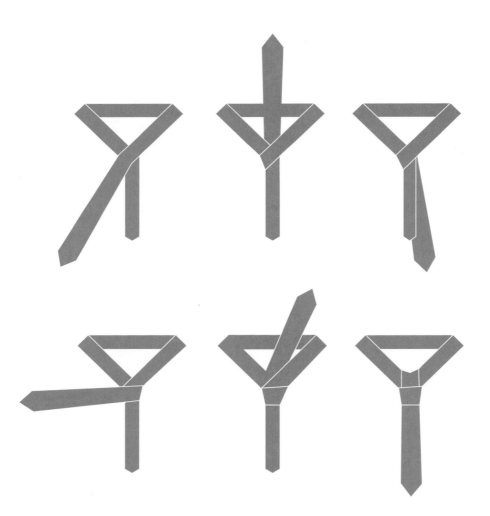

在尝试系领带的时候，可以将领带的一头放到左边，然后放回到中间，或者到右边。或者说如果领带的一头已经在一个位置上了，你就不能再次放到那个位置（比如它已经在右边，就不能再将它放到右边，它只能到中间或左边）。

并且，所有组合都必须以左、右、中或者右、左、中结束。

因此，所有你系领带的方式都可以从本质上被概括为 LRCRCLRLRC（译者注：L 表示左，R 表示右，C 表示中间），或者类似的方式。

在开天辟地的数学时尚杰作《系领带的 85 种方法 —— 结绳的科学和美学》(*The 85 Ways to Tie a Tie——The Science and Aesthetics of Tie Knots*)中，托马斯·芬克（Thomas Fink）和毛永（Yong Mao）给出了系一个标准长度领带的 85 种可能的方式。

虽然大多数方式系出的领带不好看且不实用，但他们确实在已知的 4 种方法上有了改进。它们分别是 the four in hand, the Windsor, the Half-Windsor 以及 the Pratt。还有极不寻常的 6 种崭新且实用的结绳法和另 2 种极其复杂的方式。

嘿，时尚达人们，谁说数学家不近人情？

◎《贝隆夫人》(Evita)VS《埃及艳后》(Cleopatra)

好莱坞电影中更换戏服的最高纪录是 85 次，是由麦当娜（Madonna）主演的电影《贝隆夫人》。她饰演的伊娃·贝隆（Eva Peron）引人注目地穿戴了 39 顶帽子、45 双鞋子和 56 对耳环。这打破了之前由伊丽莎白·泰勒（Elizabeth Taylor）饰演的埃及艳后创造的 65 套戏服的纪录。

我们之前已经说过 65 有两种不同的被表示成两个完全平方数之和的方式：

$$65=8^2+1^2=4^2+7^2$$

✎**小测试：**找出 85 可以被表示为两个完全平方数之和的两种方式。

答案在本书最后。

◎ 基本粒子（fundamental particle）

当一个物理学家说某物是基本粒子时，他指的是这个粒子无法被分解为我们已知的更小物质了。基本粒子是宇宙本质上的"组成部分"。

基本粒子有很多种不同的形式。你大概听说过一些，比如电子。而另外一些拥有十分酷的名字，你可能没听过。例如夸克（quark）、中微子（neutrino）、光子（photon）、介子（muon）、胶子（gluon），以及我们在 2012 年的惊人发现 —— 希格斯玻粒子（Higgs boson）。这些粒子和反粒子（anti-particle）组成了我们宇宙中的所有"物质"。

任何关于可见宇宙中到底有多少个基本粒子的猜测都是，确切地说，只是猜测而已。但最接近的猜测是在 10^{80}（1 后面 80 个 0）到 10^{85}（1 后面 85 个 0）之间。

◎ 超级 7

$102^7=12^7+35^7+53^7+58^7+64^7+83^7+85^7+90^7$。相信我，这个等式成立。

因此在这个包含了 85 的等式中，102 的 7 次方是能够被表示为另外 8 个数字的 7 次方之和的最小的数。

86

◎ 半素数

86 这个数字不是质数，但当我们将它分解质因数的时候，我们得到 86=2×43。因为它只有两个质因数，因此我们称它为半素数，英文名为 semiprime、almost prime 和 biprime。

注意 85=5×17，86=2×43，且 87=3×29，此处 2，3，5，17，29 和 43 都是质数。

◎ **小测试：**85，86，87 是第二批 3 个连续半素数。找出第一批这样的数。

答案在本书最后。

◎ 帕多文（Padovan），你可真厉害

看看这个美丽的图案：

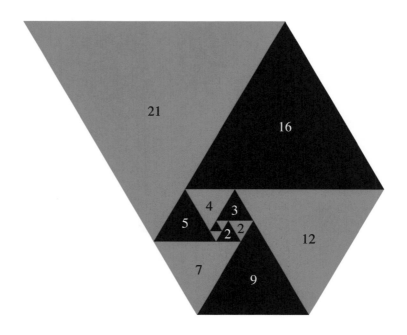

三角形从中心螺旋延展而出，当它们越来越大时，总是可以完美地镶嵌在一起。

三角形边长为 1,1,1,2,2,3,4,5,7,9,12,16,21…

观察下面这个图案，它是上一页图案继续向外延展的结果，我们发现边长为：

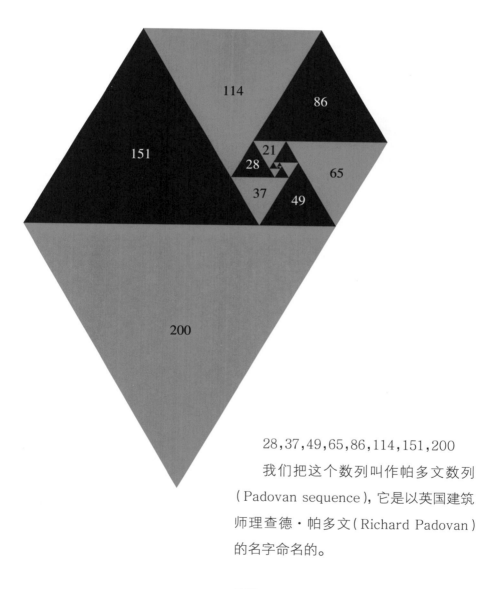

28,37,49,65,86,114,151,200

我们把这个数列叫作帕多文数列（Padovan sequence），它是以英国建筑师理查德·帕多文（Richard Padovan）的名字命名的。

343

◎ 帕多文递归关系（Padovan's recurrence relation）

我们在第 70 章的佩尔数中已经接触过"递归关系"了。

帕多文数字遵循以下的递归关系：

$$P(0)=P(1)=P(2)=1，且 P(n)=P(n-2)+P(n-3)$$

这是数学中另一个看似全然不同的事物之间却息息相关，让你根本猜不到的例子。

这里的帕多文数字 $P(n)$ 就是把数 $(n+2)$ 写成若干个 2 和 3 的有序和的方法数。

举个例子：当 $n=6$ 时，我们得到 $P(6)=4$，所以将 8 即 $(6+2)$ 表示为 2 和 3 的和的方式一共有 4 种。这里我们考虑先后次序：

2+2+2+2,2+3+3,3+2+3,3+3+2。

◉ 小测试：

$P(5)=3$，所以写出 3 种将 7 表示为若干个 2 和 3 的和的方式，

$P(7)=5$，所以写出 5 种将 9 表示为若干个 2 和 3 的和的方式，

$P(8)=7$，所以写出 7 种将 10 表示为若干个 2 和 3 的和的方式 …… 一直这样做，直到你心里满意为止。

◉ 小测试：

2^{86}=77 371 252 455 336 267 181 195 264 是已知的具有某种特质的数字中最大的 2 的幂，那么这个特质是什么呢？

答案在本书最后。

87

◎ 来自萨摩斯岛（Samos）的阿里斯塔克斯（Aristarchus）

大约在公元前 270 年，古希腊天文学家阿里斯塔克斯铆足了劲，利用一个经过改装的名为 Skaphe 的日晷（sundial）同时测量出太阳的方向和高度。

经过缜密的数学计算，他算出半月（half-moon）时太阳、地球和月亮之间的角度是 87 度。

事实上，那个角度比 89 度大，并且太阳离地球的距离是太阳离月亮距离的 400 倍，而阿里斯塔克斯仅仅猜想太阳距离地球是太阳距离月亮的 18 到 20 倍。但不论怎样，这对于那时来说是一个相当厉害的推断。

阿里斯塔克斯也认为地球绕着太阳转，而不是太阳绕地球转，这在现在已经被广泛接受了，但在那时还是很有争议的。

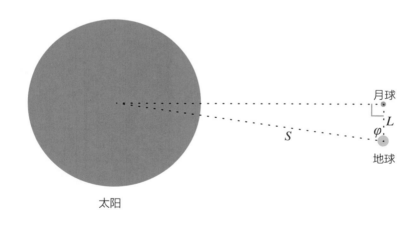

太阳

◎ 葛底斯堡（Gettysburg）

美国历史上最重要的两个事件 —— 1776 年美国独立宣言（the American

Declaration of Independence)的签署以及 1863 年葛底斯堡战役(the Battle of Gettysburg)——相隔 87 年。

当亚伯拉罕·林肯在葛底斯堡的国家战士公墓上做著名的演讲时,凭借杰出的雄辩才华,他说出 "4 个 20 年加 7 年之前"(译者注:原文为 "four score and seven years ago",其中 "score" 在英文中可以表示成 20 的意思),这听上去确实比直接说 "87 年以前" 或者 "多年以前" 好多了。

没那么幸运?

87 是第 21 个幸运数。讽刺的是,13 也是一个幸运数(见第 25 章,助你重新回忆起幸运数)。

如果有人要质疑 87 是否真的是一个幸运数,那他一定是澳大利亚的板球运动员。澳大利亚的板球手把 87 看作非常不吉利的分数,他们把它叫作 "魔鬼数"。可怜的 87 没有因为它比 100 差了 13 而被好好对待,且每一次当澳大利亚板球手得分到 87 时,你几乎可以听到胃部肌肉、牙齿和其他身体部分在场地上紧缩的声音。

但事实证明,根本没有足以让击球手害怕的东西 —— 根据著名的统计学家瑞克·芬利(Ric Finlay)分析,就像几乎所有迷信一样,这一个也是谣言。

有一天,瑞克有一点空闲(这对板球统计学家来说是常事),因此他决定查一查澳大利亚板球历史上所有球赛回合(这也是板球统计学家有空的时候经常做的 —— 嘿,别看不起他们,在你自己没试过之前)。

瑞克发现在这项体育赛事的整个历史中,只有 12 个澳大利亚运动员在魔鬼数得分时被迫离场。比这个得分更不幸的有 85 分(22 个击球手被罚下),86 分(13 个击球手被罚下),88 分(20 个击球手被罚下)以及 89 分(19 个击球手被罚下)。

唐纳德·布拉德曼（Donald Bradman）先生大概是有史以来所有国家、所有体育项目中最伟大的运动员。

事实证明关于 87 的风潮并不是因为它是 100 减去 13——这只是个巧合。它事实上是由伟大的板球运动员基思·米勒（Keith Miller）掀起的。

1927 年 12 月，当米勒只有 10 岁时，他来到墨尔本板球场观看唐纳德的赛事。

在 87 分的时候，唐纳德被"公牛"哈里·亚历山大（Harry Alexander）击败了，基思想看到他偶像得 100 分的希望化为灰烬，这件事给米勒留下了阴影，从此每次击球手得到这个得分，他总是特别关注。当米勒自己代表澳大利亚比赛的时候，他告诉所有人 87 是一个不吉利的数字，这个体育迷信由此诞生。

但这其实是一个美丽的讽刺。在基思·米勒之后的人生中，他曾有一次回看 1927 年那场比赛的记分册，以提醒自己那决定性的一天，发现唐纳德·布拉德曼实际上得了 89 分，是记分牌错了！

唐击了一球。
来源：公共领域

88

◎《警界双雄》(*Starsky and Hutch*)

对 2004 年以前的流行文化不了解的读者也许认为由本·斯蒂勒(Ben Stiller)饰演斯塔斯基(Starsky),欧文·威尔逊(Owen Wilson)饰演哈奇(Hutch),史努比·狗狗(Snoop Dogg)饰演提供情报的大熊(Huggy Bear)的这部电影是《警界双雄》的唯一版本。

是时候掸去老 DVD 机上的灰尘,或者登录 YouTube,重温古老的历史啦!在 20 世纪 70 年代电视剧版中,斯塔斯基[由保罗·迈克·格拉泽(Paul Michael Glaser)饰演]和哈奇[由戴维·索尔(David Soul)饰演],用电吹风吹干了他们的头发,拿起他们的太阳眼镜,用铁撬棍穿上他们的牛仔裤 88 次。

另外,有生存头脑并告发同伙的贝尔原本是由安东尼奥·法加斯(Antonio Fargas)饰演的!

我应该指出两件事:第一,这是一档时长 70 分钟的电视试播节目,有些网站称电视剧有 92 集,而不是 88 集。第二,不管怎样,如果你坐下来看完了这 88 集,你会对《警界双雄》有很彻底的了解。

◎ 对称的幻方

罗布·伊斯特威(Rob Eastaway)的书《多少只袜子才能配成一双?》(*How Many Socks Make a Pair?*)中包含了这个小美人儿:

25	18	51	82
81	52	15	28
12	21	88	55
58	85	22	11

它倒过来也成立,甚至在镜子中看也成立。

玛丽·居里的
诺贝尔奖头像。
来源：公共领域

镭的原子数为88，它是由伟大的玛丽·居里（Marie Curie）和她的丈夫皮埃尔·居里（Pierre Curie）在1898年发现的。

同一年，他们还发现了钋（Polonium）（原子数为84）。起先他们发现的镭是以氯化镭形式存在的，但之后，玛丽·居里在1910年分离出了金属镭。

玛丽·居里是第一个获得诺贝尔奖的女性，更了不起的是她获得了两次，而且是在不同的科学领域。1903年，她和皮埃尔以及亨利·贝克勒尔（Henri Becquerel）一起获得了诺贝尔物理学奖，而在1911年，她又获得了诺贝尔化学奖。

由于长期暴露在放射性物质及她在第一次世界大战中发明的X光机器下，1934年，她因癌症去世。

在中文聊天、短信、SMS 和 IM 中，数字 88 是一种说再见的方式，因为在普通话中 88 读音为 "ba ba"，它在发音上和英文的 "bye bye" 很像。更加邪恶一点的是，88 也是纳粹对于 "嗨，希特勒（Heil Hitler）" 的代号，因为 H 是字母表中第 8 个数，因此 HH 即 88。

水星上的一年只有 88 天，但它却实实在在是绕着太阳转的。

◎ 重新回到生日问题

早在第 23 章中，我们学到了著名而出人意料的生日问题。这个悖论说在一个由 23 个人组成的群体中，其中有两个人在同一天生日的可能性会比平常大。好吧，那么在一个 88 人的群体中，有 3 个人同一天生日的可能性比较大。

◎ 88 个琴键

一架标准的钢琴有 88 个琴键（52 个白健，36 个黑键），但并非一直是这样的。钢琴是由 1700 年左右诞生的拨弦古钢琴（harpsichord）演变而来的，为了古钢琴的 60 个音，它有 60 个琴键 —— 5 个八度，每个八度有 12 个音。

随着时间流逝，钢琴演化为 84 个琴键（7 个八度），然后在 19 世纪 80 年代，世界上最著名的钢琴生产公司 —— 斯坦威父子公司（Steinway & Sons），在此基础上加了 4 个键，才成就了我们今天所知道的 88 个琴键。

无法超越的是，澳大利亚钢琴生产公司斯图尔特父子公司（Stuart & Sons）生产了所有钢琴的 "母亲"，它有 102 个琴键！

89

◦ 89，98 以及关于它们的一切

罗布·伊斯特威曾经写过一本超棒的数学书，书名叫《多少只袜子才能配成一双？》。书里说当你将一个数字和它的倒序数加起来，并且一直不断重复这个步骤时，你通常能很快得到一个回文数。他给出了一个例子：382。

382+283=665

665+566=1231

1231+1321=2552，而 2552 是一个回文数。

类似地，数字 59 在 3 个步骤之后也会变成 1111。

但是如果你从 89+98=187 开始，你需要 24 步才能最终得到 1 801 200-002 107+7 012 000 021 081=8 813 200 023 188，在这时，我觉得你可能有一种解脱的感觉，还有一种强烈的"为什么我要麻烦地做那个呢？"的感觉。

情况可能更糟。如果从 196 开始，我们曾经验算过百万步，却无法得到一个回文数。这个步骤被称为 196- 算法（196-algorithm）。

◦ 细胞膜中的热尔曼

索菲·热尔曼是一个令人惊叹的数学家，在她所处的时代，女子很难展示她们的数学才能。大约在 1800 年，女子不被允许在巴黎综合理工学校（Paris' École Polytechnique）就读，所以她向入学的男生借了课程讲义。她给伟大的拉格朗日（Lagrange）写关于数学的信，但却以"勒布朗先生（Monsieur LeBlanc）"署名。当拉格朗日想见一见这个叫勒布朗的人时，他惊奇地发现此人竟然是个女子，他们成为很好的朋友，并且他成了这个杰出法国女子的导师。

任何一个质数 p，如果恰能使 $2p+1$ 也是质数，p 就是索菲热尔曼素数。

例如 5 是质数，且 2×5+1=11，11 也是质数。因此 5 是一个索菲热尔曼素数。

类似地，89 是一个索菲热尔曼素数，因为 89 是质数，而 2×89+1=179 也是。这样产生的质数被称为安全质数（见第 83 章）。

虽然这些看上去很可爱，但没有什么实际用处，事实上，索菲利用这种质数证明费马大定理（Fermat's Last Theorem）时实现了新的进展。干得好，索菲。

2012 年 4 月，这个索菲热尔曼素数：

$18\,543\,637\,900\,515 \times 2^{666\,667} - 1$ 被发现，

它有超过 200 000 个数位这么长。

小测试： 89 是 1 到 100 之间最后一个索菲热尔曼素数。找出之前的 9 个。

答案在本书最后。

◎ 男孩,女孩,男孩,女孩

这里有另一个关于斐波那契数列的超酷的事儿。

想象我们有一排椅子,一些男孩和女孩想坐在上面。如果要两个男孩不挨着坐(你知道男孩会怎样),那么有几种不同的排列方式?

1 把椅子,2 种方式。 2 把椅子,3 种方式。

3 把椅子,5 种方式。

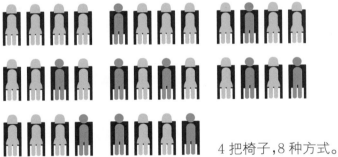

4 把椅子,8 种方式。

你注意到答案 2,3,5,8 的特点了吗?

没错,这就是斐波那契数列!

你可以自己验证当你拥有 5 把椅子时,一共有 5+8=13 种方式,然后请相信我,当有 9 把椅子时,一共有 89 种符合条件的座位排列方式。

更一般地,你可以得到 n 把椅子的排列方式,让一个女孩坐在每个 $(n-1)$ 排列的末尾,让一个女孩和一个男孩坐在每一个 $(n-2)$ 排列的末尾,由此我们得到 $F_n=F_{n-1}+F_{n-2}$,而这个等式生成了斐波那契数列。

90

90 是一个盈数（见第 12 章）。直角就是 90 度。在一个正方形中，所有角都是 90 度，外角也一样。90 也是一个哈士德数（见第 84 章）。

在中世纪的时候，"一会儿（a moment）"被官方定为 90 秒。这是我们从一份 1398 年的文件中得知的，文件的作者称 1 小时中有 40 个"一会儿"。

现在，一副宾果牌（bingo）通常有 90 个数字。因此大约有 4400 万种赢得宾果游戏的不同方式。啊，祖母，现在我终于知道为什么它这么有趣了！

每半场标准的顶级足球赛（top-flight football match）都是 45 分钟，所以整场比赛为 90 分钟。除非有加时赛、加时赛黄金得分，或是点球得分，当然，也可能是前半场和后半场的受伤延长赛时。事实上，我越深入思考，越发现几乎没有足球赛是刚好 90 分钟的。

根据美国眼科学会（American Academy of Ophthalmology）的数据，一个香槟瓶内的压强大概是每平方厘米 620 千帕。这个压强能让一个 30 克重的香槟瓶盖以每小时 80 千米的速度发射出去（射程最高可达 13 米）。

每一秒中，你和每一个其他人体内都有 400 000 个放射性原子衰变为其他原子。但你用不着担心自己会散架，因为人体内每一个细胞中都有 90 万亿原子 —— 那是 400 000 的 2.25 亿倍。

◎ 一个 270° 的三角形?

我们都知道一个三角形的三个内角加起来等于 180 度。严格地说，这不总是正确的。只有当这个三角形被画在一个平面上，如桌面或者黑板上，这个定理才适用。一旦我们把三角形画在曲面上，如一个球面或一个环形圆纹曲面(doughnut)上，这个 180 度的定理就应该被抛到脑后。

想象你位于赤道上的点 A，在赤道上行走了地球外围的四分之一，来到点 B，再向北走到北极点 C，然后向左转 90 度重新回到赤道上的点 A。

你可以在地球曲面上沿着你的足迹描画出三角形 ABC，它有三个角，每一个都是 90 度，加起来就是一个 270 度的三角形。

◎ 佩兰数列 (Perrin number)

90 是一个佩兰数字。佩兰数列就是数学家所说的"递归数列"，这我们已经在第 70 章和第 86 章中遇到过了。这个规律是通过对几个数列中的几个数做运算，从而得到下一个数的。这个规则定义佩兰数列的规律是：

$P(0)=3, P(1)=0, P(2)=2$ 且

$P(n)=P(n-2)+P(n-3)$(对 $n>2$)。

所以当 $n=3$ 时，我们有

$P(3)=P(1)+P(0)=0+3=3$,

由 $n=4$，我们得到

$P(4)=P(2)+P(1)=2+0=2$,

以此类推。

◎ **小测试**：证明 $P(16)=90$，因此 90 是第 16 个佩兰数字。答案在本书最后。

世界上最快的蜂鸟
（hummingbird）
能够在一秒内振翅 **90** 次。

91

◎ 小定理，大问题

这本书已经接近尾声了，因此我们可以来看一些比较难的知识，你也许在全部读完以后再重新阅读一遍才能看得懂，这是数学分支"数论（Number Theory）"中最有名的定理之一。

91 这个数字被称作"伪（pseud）"数。并不是说我认为它装模作样或肤浅至极——不，它只是名为"伪素数（pseudoprime）"。伪素数是一种"看上去"像素数但实际上不是素数的数。就是说，它可以通过许多很重要的素数测验，但实际上却是合数。

素数都遵循的一个规律是由伟大的数学家皮埃尔·德·费马（Pierre de Fermat）发现的，我们在本书中已经多次提到他了。

费马指出，如果有一个素数 p 以及一个数 a，且 a 无法被 p 整除，那么 p 是 $a^{p-1}-1$ 的一个因数。

听起来好像很复杂，但它真的没有那么难理解。以下有几个例子：

7 是一个素数，10 不能被 7 整除，因此 7 应该是 10^6-1 的一个因数。验证可得：$10^6-1=1\,000\,000-1=999\,999=7\times142\,857$。

类似地，5 是一个素数，且 2 不能被 5 整除，因此根据我们所说的费马"小"定理（Fermat's "Little" Theorem），5 应该 $2^4-1=16-1=5\times3$ 的因数。

虽然所有素数都遵循费马定理，但不能仅凭一个 a 或每一个 a 都可能符合费马定理而机械地判定一个数就是素数。

例如，当 $n=91$，$a=3$ 时，91 不是 3 的因数，却是 $3^{90}-1$ 的因数。关于这个结论请相信我。所以 91 看起来像是素数，但当 $a=3$ 时，它明显不是素数，因为 $91=7\times13$。因此我们把它称作费马伪素数（Fermat pseudoprime）。

另外一些费马伪素数包括 $n=15$，它看上去像素数，当 a=4 时：

$$a^{n-1}-1=4^{14}-1=268\,435\,455=15\times17\,895\,697$$

但它很显然不是素数，因为 $15=5\times3$。

还有，4 也是伪素数。当 $a=5$ 时，$5^3-1=124=4\times31$。

另外，9 也是伪素数，当 $a=8$ 时，$8^8-1=16\,777\,215=9\times1\,864\,135$。

诸如此类，不胜枚举。就像我说的，这些知识有点难，一般来说，学了大学数学你才可能遇到它们，因此如果现在你的头有点痛了，是可以理解的。再阅读一遍，它们就印在你脑海中了。

◎ 继续照耀吧

它一秒钟产生的能量足够全世界使用几百万年。它内核中释放出的光需要 100 000 年才能到达它的表面，却只需要 8 分钟就能到达地球。人类预测它将继续生成能量达 70 亿年之久。你猜到了吧，我在说太阳呢。

几乎整个太阳都由氢（Hydrogen）和氦（Helium）组成，但它们的比重取决于你怎么计算。如果看原子的总数，氢约占总数的 91%，氦约占 9%，其余 65 种元素以极小的比重存在。

但如果你考虑到一个氦原子的质量是一个氢原子的 4 倍，那么太阳可以被看作是由 71% 的氢、27% 的氦，还有 2% 的其他物质组成的。

三角形数

91 是三角形数、四方锥（square pyramidal）数以及中心六角形（centred hexagonal）数。一箭三雕！

四分之一年

91 是四分之一年拥有的天数：每四分之一年有 13 周。

网球

如果你像我一样，也在思考为什么你在网球上毫无天分，那也许是因为网球球网中间的高度为 91 厘米。

或者也许是你球拍的问题，抑或是球的问题，再或是行星"连珠"的问题。

◎ 算盘（abaci）

一把标准的中国算盘（abacus）每一条竖杠上有 7 颗算珠，2 个在上面，5 个在下面。

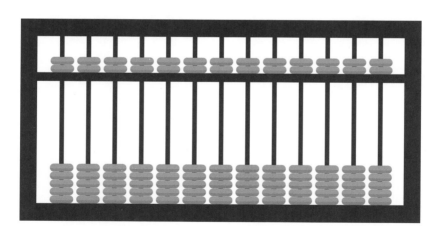

因此，一把 13 条竖杠的算盘总共有 91 颗算珠。顺便提一下，从公元前 2 世纪开始，算盘就已经在中国广泛使用了。

92

◎ 92 个皇后

在第 12 章中我们已经见识过皇后了,这是在国际象棋中超级厉害的人物,可以攻击所有格内行和列上的其他棋子 [在国际象棋中我们叫作 "横列 (rank)" 和 "纵列 (file)"],以及她所在位置的对角线上的棋子。

我来挑战你一下,请你找出 12 种将 8 个皇后 "安全地" 放在棋盘上的方式,也就是说,任何一个皇后都无法吃掉其他皇后。但请注意在这个问题中,我所说的不同方式指的是即便在你旋转和对称之后,仍然不同的阵型。

如果你把经过旋转和对称得来的阵型也算作不同的话,就有远超 12 种将 8 个皇后安全放置在棋盘上的方式了。

举个例子,这 8 个阵型如下:

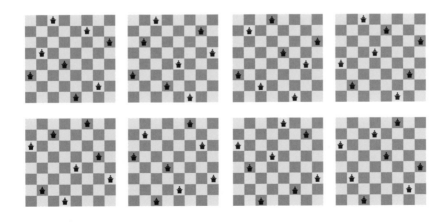

都是原 12 个解中的 1 个旋转和对称得来的。

你也许在想:"好吧,这 12 个阵型可以被旋转和对称成这不同的 8 种方式,因此我们可以得到 12×8=96 个结果。"但事实上你只能得到 92 个。

这是因为下图这些结果不能在旋转和对称后得到 8 个不同的位置,而是只有 4 个。

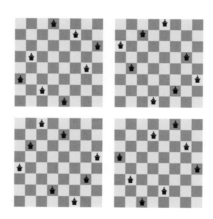

因此,如果皇后问题允许旋转和对称的话,一共有 8×11+4=92 种方式。

就像我们在第 55 章中提到的那样, 92 是 1 到 100 中 28 个无法用不同数字平方和表示的数字之一。

◎ **扭棱十二面体**(SNUB dodecahedron)

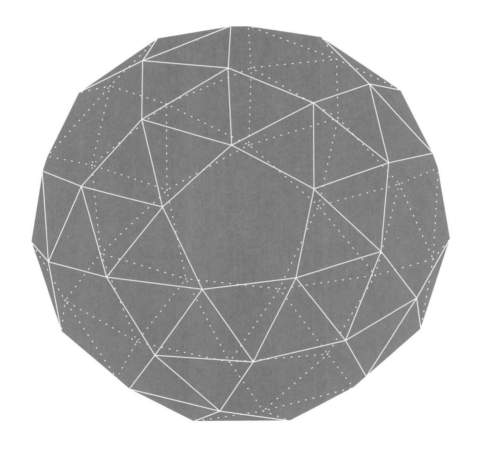

它有 92 个面、60 个顶点以及 150 条棱。经验证, 欧拉公式 $V+F-E=2$ 适用于这个阿基米德多面体。

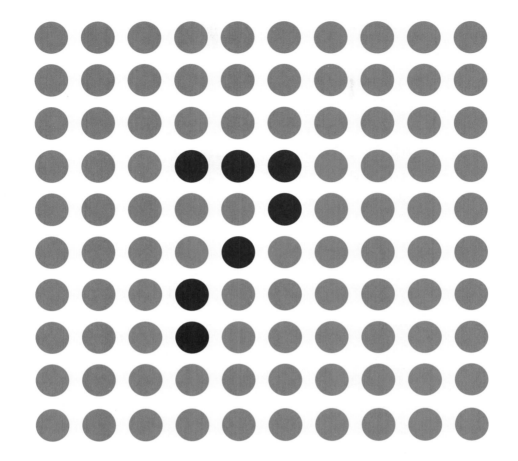

93

93 是第 22 个幸运数。在第 25 章里我曾经让你们找到 100 以内的所有幸运数。

在下一章中我们将遇到哥德巴赫猜想（Goldbach's conjecture），它是一个十分有名的数学问题。好了，我们这儿有一个类似的但名气小得多的关于幸运数的猜想，那就是每一个偶数都可以被写成两个幸运数之和。

这个定理一直到数字 100 000 都已经被证明正确了，但我不指望你证明那么多。也许你想试着检验一下 100 之内的数字是否符合。

◎ 天文距离

太阳到地球的平均距离是 9300 万英里（大约 1.5×10^8 千米）。因此，9300 万英里被称为一个 "天文单位（Astronomical unit，简称 AU）"，这是用于测量宇宙的基本距离之一。

让我们试着以 AU 为单位弄清楚我们宇宙中的物体到底有多大。当然，下面的距离都是平均距离，因为除了这些物体在围绕恒星公转，且轨道根本不是圆形外，还有其他十分复杂的因素。但这些数据可以给你一个粗浅的指引，让你发觉这些天体离我们远得多么惊人：

以下天体和太阳的距离为

地球：1 AU，

水星：0.4 AU，

木星：5.5 AU，

海王星：30 AU（开车大约需要 4000 年）。

"终端震波（Termination Shock）" 指的是从太阳发射出的太阳风（solar wind）（速度为每秒 400 千米）到达宇宙的其他空间[星际介质（interstellar medium）]所发生的相互作用。终端震波距离太阳 80 到 200 AU 那么远。

一光年（light year）为 63 240 AU。

太阳引力优势（gravitational dominance）的极限被认为是奥尔特云（Oort Cloud），理论上的冰状物质云（theoretical cloud of icy object）距离我们 100 000 AU。

离太阳最近的恒星[事实上是一组 3 颗恒星：半人马阿尔法 A 星（Alpha Centauri A）、半人马阿尔法 B 星（Alpha Centauri B）以及比邻星（Proxima Centauri）]，距离我们 277 600 AU 远。

银河系的直径为 6 329 671 700 AU。

因此，如果我们把宇宙按比例缩小，缩到地球距离太阳 1 厘米远（我知道我们会变得非常热，但暂且听我说吧），那么银河系的直径将会是地球 1.5 圈的长度。

但是银河系不是宇宙中唯一的星系。它确实很美，拥有螺旋的形状，很可能中心有一个巨大的黑洞，还拥有数千亿颗恒星，而且，还有我们！但是我们猜想，在可见宇宙中，存在 1700 亿个星系。

然后，说到 93，可见宇宙的直径大约是 930 亿光年，也可以说成是 5 881-320 000 000 000（大约 6×10^{15}）AU。

◎ 更多半素数

93 是一个半素数，因为当它被写作几个质因数的积，即 93=3×31 时，我们只能得到两个因数，就是 3 和 31。本书第 86 章告诉我们，85,86,87 组成了第二组三个连续的半素数。

那么，93,94,95 就是第三组：

93=3×31,94=2×47,95=5×19。

◈ **小测试：** 找出从 1 到 100 中的所有 34 个半素数。<small>答案在本书最后。</small>

◎ 伙计，可别给我 93 ！

美国波士顿大学的伊斯兰和亚洲艺术学教授乔纳森·布卢姆（Janathan Bloom）提出，如果波斯诗人说某人的手"制造了 93"，就是指那个人十分贪婪。

这种说法源于"指形学（Dactylonomy）"，指的是把手摆放为特定的样子指代数学。"手指算术（arithmetic of the knots）"在古代阿拉伯、中世纪的欧洲风靡一时，而在波斯，93 这个数用一个紧握的拳头表示。所以"制造 93"的意思就是给别人一个握紧的拳头，也就是一毛不拔。

◎ 我每天都在洗牌

先拿 11 张牌，然后从牌堆的最上面开始，你想发多少就发多少。这就得到了一堆新的牌，原先那副中最上面的牌现在是新牌最底端的那张。

现在，请你洗这副牌。别担心，"洗牌"只是一个花哨的词语，用来形容你曾经看到别人做的事。当他们有两副牌时，将每一副纸牌的角向上折起，然后把两副牌放得很近，然后"洗"它们。即让每张牌经过你的大拇指，使纸牌的角覆盖相邻纸牌的角，然后将它们合并成一整副牌。

好了。开始洗牌吧。

你现在已经将原有的 11 张牌洗好了。事实上，当你这样洗牌的时候，新的牌一共有 93×11 种不同存在方式。或者说，如果你将一些牌的不同排列组合视为是一样的话，有 93 种方式，举个例子：3,4,5,6,7 和 5,6,7,3,4 是一样的。

这样的洗牌方式称为"吉尔布雷思洗牌法（Gilbreath Shuffle）"。它和通常的洗牌方式有些许不同，即只是将牌分成两叠，因为用这种方式洗出的第二副牌的顺序完全颠倒了。

94

◎ **史密斯数**（Smith number）

数学家是一帮很奇特的人。他们中的一些人和美丽的数字世界仿佛合二为一，甚至在大多数人不会留意的地方都可以发现规律。拉马努金发现 1729 等于 1^3+12^3 或 9^3+10^3，而著名数学家高德菲·哈罗德·哈代（Godfrey Harold Hardy）提到它其实就是一个出租车的号码。

另一个热衷留意数字的人是阿尔伯特·威兰斯基（Albert Wilansky），他的连襟哈罗德·史密斯（Harold Smith）的手机号是 4937775。那又怎么样？你也许会问。好吧，阿尔伯特留意到当将 4937775 分解质因数时，可以得到：

$4\,937\,775=3\times5\times5\times65\,837$

而当你将这个数的各位数加起来，并将它所有质因数的各数位上的数字加起来，将得到同样的结果，那就是：

$4+9+3+7+7+7+5=42$

且 $3+5+5+6+5+8+3+7=42$

这就是史密斯数字的定义！

所以要证明 94 是一个史密斯数，我们首先分解质因数：$94=2\times47$，然后再比较它各位数字之和与它质因数各数位上的数字之和：

$9+4=13$，且 $2+4+7=13$。

因此 94 是一个史密斯数。

◈ **小测试：**根据定义，史密斯数必然是合数。除了 94，找出从 1 到 100 中的另外 5 个史密斯数。

［提示］ 有一个小于 10，有两个在 20 到 30 之间，还有两个是彼此的映象，例如 37 和 73。答案在本书最后。

● 汉考克爬楼大赛（John Hancock Hustle）

　　每年 2 月的最后一个星期日，汉考克爬楼大赛的参赛选手都在芝加哥的约翰汉考克中心（John Hancock Center）94 层的高楼上尽情狂欢，迄今已为呼吸健康中心筹集了数百万美金的善款。

　　2014 年，埃瑞克·列宁格（Eric Leningar）在 9 分 42 秒内爬楼梯到了顶层，他是 2661 个运动员中最快的。女子纪录保持者辛蒂·哈里斯（Cindy Harris）是 1261 位女子选手中最快的，她用时 12 分。

　　作为一名骄傲的澳大利亚人，我得提出，超级无敌爬楼梯高手苏茜·沃尔沙姆（Suzy Walsham）征服了帝国大厦，赢得了这个 86 层楼、1576 级台阶的比赛，她赢了不少于 5 次！女孩，加油。

fabrun, nicht bastrhun, ob minra abir schön: naab scndau
nnna dinfit series bnahun numeros unico modo in du
dinisibiles gnbny aach folgn bornisa nill ich each nion
bazardiom: dash jndr Zahl nnlsr aab Zonayon num
Zusammungrsabzat ist nin aggregatum so ninlan na
primorum shg als nun nill /: dia unitatum nnit dazu

◎ 哥德巴赫猜想

　　在 1742 年 6 月 7 日写给欧拉的信中，德国数学家克里斯琴·哥德巴赫（Christian Goldbach）提及后来被我们所熟知的哥德巴赫猜想。如同费马大定理一样，这是看上去十分容易解释，但事实上如恶魔般很难证明的例子之一。

　　哥德巴赫猜想的内容是：任何比 2 大的偶数都可以表示成两个质数之和。

　　例如：$94=5+89=11+83=23+71=43+51=47+47$。

　　截至 2012 年，有证明显示，哥德巴赫猜想对 4 000 000 000 000 000 000-000 之内的偶数都成立。

　　但是这并不是对所有数字的证明。哎，我们数学家真苛刻，不是吗？不好意思，这就是游戏的规则。

　　你可以自己试着证明哥德巴赫猜想适用于所有从 4 到 100 的偶数。

　　他的另一个猜想也写在他给欧拉的信中，被称为哥德巴赫"弱"猜想（Goldbach's 'weak' conjecture），即所有比 5 大的奇数都能写成 3 个质数之和。

　　这个猜想看上去也令人捉摸不透，直至 2013 年它被秘鲁数学家赫勒尔德·赫尔夫戈特（Herald Helfgott）证明正确为止。

背景：哥德巴赫给欧拉的信。来源：公共领域

95

在现代社会，我们长期与令人惊叹的机器和装置接触，并对此感到习以为常。哪一天读一读一个 MP3 播放器（如果你比较老派的话，那就选 CD 机）是怎么工作的，你以后就不会再用同样的眼光看它们了。

用简单的条形码来举例吧。诚然，条形码看上去就像盒子中的一堆黑线，但事实上它们是数学和科技的完美结合。每一个条形码都是由 95 条独立且宽度相等的柱状图组成的，但它们太小了，以至于无法用肉眼观察到。条形码可以告诉扫描器它们想知道的关于商品的所有信息。

一个激光扫描器扫描条形码时，将黑线记为 1，白线记为 0。这些条形码上的 1 和 0 向扫描器输送了 12 个数字。这些数字也被打印在条形码下面，万一扫描器无法读取，就用手动输入的方式将它们录入系统。

在金伯利公司好奇牌（Kimberley Clark Huggies）婴儿湿巾上的 12 位数字可以告诉你这些信息：

商品类别（0 食品杂货）

厂家代码（36000 金伯利公司）

商品代码（29145 好奇牌婴儿湿巾）

校检数位（2）

注意"分离条（separation bar）"，它可以告诉扫描器数字何时开始和结束。在"安静区（quiet zone）"中、信息行之外的第一和最后一个数字告知扫描器何时开始和结束。

我们肉眼难以分辨出每一个条形码的柱状条纹,其实这些条纹是由 6 条或黑或白的线条组成的。这就是有些线条比其他线条更粗的原因。这些条纹告诉机器每个数字是什么。例如:

(白,黑,白,黑,黑,黑)是条形码中表示数字 6 的形式。

条形码的设计中还有其他非常巧妙的地方。例如右边的小条纹实际上是左边的相反方向(0 变成了 1,反之亦然),所以当你把商品倒过来,机器也不会把 3.50 美元的一袋苹果误认为是 3000 美元的一台电视。

"校检数位(check digit)"是扫描器 "检查" 自己是否犯了错误的一种十分酷的方式。每一次你刷了一件商品,扫描器瞬时计算这个数字:

所有奇数位数字之和 ×3+ 所有偶数位数字之和。

校检数位是由 10 减去数列的最后一位数字得到的。

所以,对于这个婴儿用品,我们可以得到:

$$(0+6+0+2+1+5)×3+(3+0+0+9+4)=42+16=58$$

这个数最后一位数字是 8,所以校检数位是 10-8=2。

如果扫描器读取了信息,发现校检数位和条形码上打印的不同,那么仪器就会发出声音,然后一个可爱的收银员就要手动输入条码啦。

因此,如果下一次你在商店里因为机器无法读取条形码而气呼呼的时候,提醒你自己,也许你刚刚节省了 2996.50 美元呢!

●**小测试：**请计算本书条形码上的校检数位。注意，它可能被打印在条形码的左侧。答案不在书的后面（你应该知道你是否计算正确了）！！！

95 出现在许多皮克斯（Pixar）动画电影中，包括《玩具总动员》（*Toy Story*），《玩具总动员 2》（*Toy Story 2*），《玩具总动员 3》（*Toy Story 3*），《虫虫危机》（*A Bug's Life*），《汽车总动员》（*Cars*）和《汽车总动员 2》（*Cars 2*）。这是为了纪念 1995 年，因为皮克斯第一部电影《玩具总动员》在这一年杀青。

◎ 饱和的土星

火星大气层中存在 95% 的二氧化碳，还有少量的氮气、氩气、氧气以及一氧化碳。这些极不友好的混合气体是人类计划探索和移民到这个红色星球的重要阻碍。当然火星上面也根本不会有咖啡店和娱乐的场所。

那土星怎么样呢？嗯，土星比地球重 95 倍，半径大约是地球的 10 倍。你可以将 750 个地球塞到土星内部。虽然它十分重，却是一个气体巨星，是太阳系中密度最小的行星。因此土星上的引力和地球上的几乎相等 —— 它较大的尺寸和较小的密度有效地相互抵消了。

但在你想在土星上散散步之前，我得提醒你，它是一个气体巨星，是没有固体表面的。

另一个关于土星的令人称奇的事情是，它很轻，以至于如果你有足够多的水，它会浮在水上！

96

◦ 圆的测量

在测量圆的时候,古希腊数学家阿基米德得出 π 的精确值在 $3\frac{10}{71}$ 和 $3\frac{1}{7}$ 之间。他是通过计算一个圆能被多紧密地卡在两个普通的 96 边形内而得出的。伟大的中国数学家刘徽也在公元 3 世纪使用同样的方法,算出了更精确的结果。尤里卡 (Eureka) (译者注:即 "我找到了",用于描述因为发现了某物或答案而高兴)!

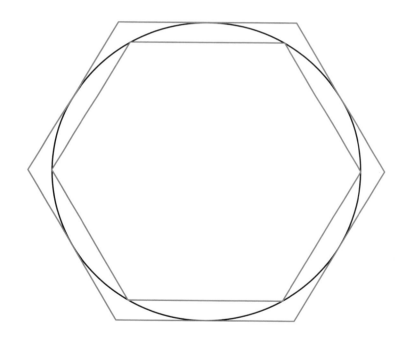

简单地说,阿基米德和刘徽都是从观察圆的直径位于较小和较大六边形周长之间开始的。然后他们不断增加多边形的边数,使内外周长变得越来越接近圆的周长。

他们不需要画出 12 边形、24 边形、48 边形或者 96 边形,只消不断地计算周长,直至算出惊人的结论。

盈数

96 是 100 以内最后一个盈数,100 自身也是一个盈数。

不可及数

96 也是一个不可及数(见第 52 章)。

◎ 八边形数 (octagonal number)

96 是一个八边形数,这并不意味着它和 1995 年赢得党土盾(Cox Plate),并被誉为 1996 年澳大利亚年度赛马的马有何关联。

事实上,我不会告诉你八边形数究竟是什么。我要让你读一读三角形数和五边形数的定义(在第 21 章和第 22 章),然后自己想明白。如果你能证明 96 是一个八边形数,那么你就知道自己做对了。

◎ **小测试:** 我们几乎来到我们探索历程的终点了,所以为什么不重新回去看看,并找出 1 到 100 之间的所有 22 个盈数呢?

[给你的几个提示] ①从 1 到 100 所有的盈数都是偶数(第一个奇数盈数是 945)。②每一个盈数的倍数都是盈数。③每一个完美数(见第 6 章和第 28 章)的倍数(不包括完美数本身)也都是盈数。所以把它们找出来吧!

答案在本书的最后。

名字里有数字的
世界体育团队

在澳大利亚,我们有篮球队,如阿德莱德 36 人队(Adelaide 36ers)和悉尼六人板球队(Sydney Sixers Cricket team)。美国也有很多,在众多球队中,有费城 76 人队(NBA Philadelphia 76ers)和 NFL 的旧金山 49 人队(San Francisco 49ers)。

但当我们说到名字中有数字的球队,很难绕过德国的足球队。团队的名字通常以它成立或和其他团队合并的时间命名。例如从 TSG 1899 Hoffenheim, FC 08 Homburg, Schalke 04, FC Hanau 93, FC Altona 93, SV Babelsberg 03, Bischofswerdaer FV 08, SV Darmstadt 98, SV Dessau 05, TSV 1860 München, Goslarer SC 08, Göttingen 05, 到近期的 FC Gütersloh 2000。

我最爱的球队是 7th flight of German football (the Landesliga Berlin Staffel 2), 强大的 Berliner FC Alemannia 1890, 以及 the elite Bundesliga Hannover 96, 它的图案十分酷,上面的数字 96 倒过来看还是一样的。

97

◎ 倒数 (reciprocal)

我们曾在第 17 章和第 39 章接触过倒数和它的小数展开。但这离现在有一阵子了,所以我们需要更新一下记忆。

当你取一个分数,然后将它上下颠倒,你将得到一个"倒数"。所以 $\frac{3}{4}$ 的倒数是 $\frac{4}{3}$。

整数 7 可以被写作 $\frac{7}{1}$,因此它的倒数是 $\frac{1}{7}$。同理,8 的倒数是 $\frac{1}{8}$。

虽然它们看上去很相似,但实际上 $\frac{1}{7}$ 和 $\frac{1}{8}$ 着实非常不同。当我们把分数写作小数时,$\frac{1}{8}$ =0.125,而 $\frac{1}{7}$ =0.142857 142857 142857 142857…

7 的小数展开部分并不停止,或者"终止"。数列 142857 永远不停地循环,我们称之为 $\frac{1}{7}$ 的循环节 (repetend)。所以我们说 $\frac{1}{7}$ 是一个循环小数。

但这和以下的两个小数展开不同:

π =3.14159265358979323846264338327950288419716939937510158 20974944592…

或者 $\sqrt{2}$ =1.41421356237309504880168872420969809807855696…

它们同样也是无限的,但却不循环。这类数有着不重复、不终止的小数展开,我们称其为"无理 (irrational)"数。因无法表示成分数,我们只能找出和它们相近的数,如近似 π 的 $\frac{22}{7}$ 和近似 $\sqrt{2}$ 的 $\frac{41}{29}$。

对于质数 p,如果分数 $\frac{1}{p}$ 是循环小数,且循环节有 ($p-1$) 个数位,我们就将循环节称为"周期数 (cyclic number)"。

因此对于 $\frac{1}{7}$,它的循环小数为"142857",它有 6 个数位,这使 142857 成为周期数。

周期数有一个很酷的性质,就是如果你算出它的倍数,结果会"周而复始",如:

1×142857=142857

2×142857=285714

3×142857=428571

4×142857=571428

5×142857=714285

6×142857=857142

类似地，就像我们在第 17 章里接触到的：

$\frac{1}{17}$ =0.0588235294117647 0588235294117647 0588235294117647⋯

因此 0588235294117647 这个 16 位循环节是一个周期数。

在数字 1 到 100 中，7，17，19，23，29，47，59，61 和 97 的倒数都能产生周期数。注意，所有这些数字都是质数，我们称它们为"完整循环质数"。

由 $\frac{1}{97}$ 产生的周期数是下面这个 96 位的"怪兽"：

0103092783505154639175257731958762886597938144329896907216494845360824742268041237113402061855 67

当我们将它乘以 2，3，4 等数字时，各数位会自动周而复始。你就当我是正确的行吗？

◎ 普罗斯数（Proth number）

数字 $97=3×2^5+1$，是普罗斯数。

普罗斯数以一个法国人命名，你猜到了吗？没错，是普罗斯。普罗斯数是一个以 $a×2^b+1$ 形式存在的数，a 是一个正奇数，而 b 是一个正整数，且满足 $2^b>a$。

如果一个普罗斯数是质数，那我们就称它为普罗斯质数（Proth prime）。

正如 $17=1×2^4+1$ 是一个普罗斯质数，$97=3×2^5+1$ 也是一个普罗斯质数。

✐ **小测试：** 100 以下的普罗斯质数还有 3，5，13，17 和 41。请证明它们是普罗斯质数。

答案在本书的最后。

◎ 十四行诗

威廉·莎士比亚的十四行诗的第 97 篇具有一个精巧的特点。

How like a winter hath my absence been

From thee, the pleasure of the fleeting year!

What freezings have I felt, what dark days seen!

What old December's bareness every where!

And yet this time removed was summer's time,

The teeming autumn, big with rich increase,

Bearing the wanton burden of the prime,

Like widow'd wombs after their lords' decease:

Yet this abundant issue seem'd to me

But hope of orphans, and unfather'd fruit;

For summer and his pleasures wait on thee,

And, thou away, the very birds are mute:

Or, if they sing, 'tis with so dull a cheer

That leaves look pale, dreading the winter's near.

这首十四行诗第 7 行的第 7 个单词是 "prime（质数）"，而 97 又是最大的两位质数！

98

☍ **小测试：** 有一个有着令人惊奇的答案的著名数学问题是"马铃薯问题（potato problem）"。假如你有 100 千克马铃薯，它们中 99% 是水分。你把它们放在阳光下，让它们持续失水直至 98% 为水分。那么它们现在重为多少？*答案在本书的最后。*

◉ 在吉利根岛上

在 98 集连续剧《吉利根岛》（*Gilligan's Island*）中，金杰（Ginger）这个被社会抛弃的人，在吉利根岛上却貌似非常体面。岛上还有一个教授，他能制造收音机、武器、房屋，做几乎任何事情，除了修船。

但是耗巨资制作的电视剧《海滩游侠遇见吉利根岛》（*Baywatch Meets Gilligan's Island*）一定能排在我看过的最差电视剧的榜单中。而且，相信我，我看过好多失败之作。

◉ 附近没有质数

第 94 章中提及的哥德巴赫猜想说的是除了 2 的所有偶数都可以被表示为两个质数的和。当我们将两个质奇数相加得到偶数时，我们看到 6=3+3，8=5+3，10=5+5=3+7，12=5+7⋯ 而大多数偶数都和某个质数十分"相近"，因此我们可以找到它被表示为两个质数之和的形式，3，5 或 7 就是其中一个质数。

好了，98=3+95=5+93=7+91，但 95，93 和 91 都是合数，98 是第一个表示为两个质数和的时候，其中较小的质数比 7 大的数。

☍ **小测试：** 将 98 表示为两个质数之和，其中一个质数越小越好。*答案在本书最后。*

◎ **天王星**（Uranus）**的倾斜**

太阳系中倾斜度最大的行星是天王星，它在宇宙中以 98 度的倾斜角运动。因为这个，天王星上的夏天长达 21 年，但对于你们中那些想马上联系旅行社的人，请注意天王星上冬天持续的时间也一样长，且晚上的温度低至零下 219 摄氏度。哎。

◎ **大猩猩啊大猩猩**

人类和黑猩猩的 DNA 相似度高达 98%，这个数据经常被引用。同时，一些网站宣称我们和其他哺乳动物大约有 92% 的相似之处：和某种奶牛有 80% 相似度，而和果蝇的相似度则为 40%。还有一些人称，从基因遗传上说，人类和一粒米有 25% 的相似度，而和细菌的相似度则为 7%。

真是些吸人眼球的数据，但事实却比这复杂得多。这些数字指的就是 DNA 的序列，它们决定了蛋白质，而这些蛋白质就是我们身体的基本组成部分。蝾螈拥有的 DNA 数量是人类的 20 倍，它们有我们不具有的基因，而且它们可以让四肢重生（酷！）。区别我们和它们的关键因素是生命体的控制网络。我们和青蛙的身体形态几乎相同，且组成身体的部件也大抵相同，但我们和它们在体貌和行为上的差异多么巨大啊！

因此，很显然是我们的机体对基因的处理让我们和黑猩猩有如此大的不同。大脑和免疫系统中的基因在不同物种间区别最大，因为它们是基因选择（genetic selection）的对象。因此，即便是一些人说的只有"极少部分 DNA 不同"，但你可以辩解，其实两者间有很大不同，我们真的和黑猩猩很不一样。

要了解基因密码的奥秘，以及我们的 DNA 究竟是什么，还有很长的路要走。

在这同时我要问问,爷爷,你脑袋后面的头发长得怎么样啦?

正常人体温度(在体内测量)是 98.6 华氏度(37 摄氏度)。

◎ 巴切特猜想

巴切特于 1612 年出版了一部著作《有趣的问题》(这本书也写了巴切特问题,我们在第 40 章已经看到了)。他在这本书里指出,所有正整数都可以被写作最多 4 个平方数的和。

例如 $16=4^2$,16 是一个数的平方;$5=2^2+1^2$,5 是 2 个平方数的和;$38=5^2+3^2+2^2$,38 无法被写作仅仅 1 个或 2 个平方数的和。

而现在我们有 $71=6^2+5^2+3^2+1^2=7^2+3^2+3^2+2^2$。

所以一共有两种不同方式将 71 表示为 4 个平方数的和。但事实证明,它不能被表示为少于 4 个平方数的和。

并且,巴切特十分确定这个问题会变得越来越恼人,即所有数字都可以被表示为最多 4 个平方数的和。

谢天谢地,在 1770 年,拉格朗日终结了人们在这个问题上花费无数日日夜夜的情况。而这时,巴切特早已熟睡 …… 他早在 1638 年就去世了。

✐ **小测试:** 98 不需要用 4 个平方数的和表示,它可以被写作 $98=7^2+7^2$,请你找出 98 能被写作 3 个平方数之和的 2 种方式,以及它被写作 4 个平方数之和的 4 种方式。答案在本书最后。

事实证明那些需要用 4 个平方数之和表示的数都满足 $n=4^m(8k+7)$ 这个形式,m 和 k 为正整数或 0。例如:当 $m=1$,$k=0$ 时,我们有 $n=4\times7=28$,而 28 需要用 4 个平方数之和表示。

99

◎ 精彩的分数

我们已经接近本书的最后了，所以让我们来看一看这个看上去很可怕，但事实上没那么糟糕的东西。它叫作"连分数（continued fraction）"。这是我先前准备的：

$$1+\cfrac{1}{1+\cfrac{1}{2+\cfrac{1}{1+\cfrac{1}{3}}}}$$

从下向上计算，记得将分数相加，然后把它们都放在分母里。我们知道 $\dfrac{a}{b}$ 的倒数是 $\dfrac{b}{a}$，我们得到：

$$1+\cfrac{1}{1+\cfrac{1}{2+\cfrac{1}{1+\cfrac{1}{3}}}}\ =\ 1+\cfrac{1}{1+\cfrac{1}{2+\cfrac{1}{\frac{4}{3}}}}\ =\ 1+\cfrac{1}{1+\cfrac{1}{2+\frac{3}{4}}}\ =\ 1+\cfrac{1}{1+\cfrac{1}{\frac{11}{4}}}$$

$$=\ 1+\cfrac{1}{1+\frac{4}{11}}\ =\ 1+\cfrac{1}{\frac{15}{11}}\ =\ 1+\frac{11}{15}\ =\ \frac{26}{15}$$

所以一开始的怪兽原来是 $\dfrac{26}{15}$ 的连分数。

它等于 $\dfrac{26}{15}$，只是写作连分数的时候看起来不太一样。

在这个阶段，我得向所有初中数学老师道歉，因为这些等号应该竖着写下去，而不是横着写 —— 我知道这看上去糟透了，但，已经到本书的最后，而我也不太有空白空间了。抱歉啦！我觉得你们的职业是真正高尚的。

不管怎样，所有分数都可以写作连分数，它们在几步之后就停止了。但我们也可以用连分数来近似地表示无法用分数表示的数（即无理数），如：

$$\sqrt{2} = 1 + \cfrac{1}{2 + \cfrac{1}{2 + \cfrac{1}{2 + \cfrac{1}{2 + \cdots}}}}$$

和我的最爱之一：

$$\sqrt{99} = 9 + \cfrac{1}{1 + \cfrac{1}{18 + \cfrac{1}{1 + \cfrac{1}{18 + \cfrac{1}{1 + \cdots}}}}}$$

世界上离婚时年龄最大的纪录保持者是 99 岁的意大利人安东尼·C（Antonio C），他与结婚 77 年的妻子离婚，因为他发现了 70 年前她和别人的情书，证明她有外遇，而那时他正参加第二次世界大战。

○ 关于 99 的超棒的歌

  1982 年 6 月,滚石乐队(The Rolling Stones)在西柏林的演唱会上向空中放飞了气球,他们没想到卡罗·卡古斯(Carlo Karges)—— 德国流行乐团妮娜(Nena)的吉他手也在观众席上。看着这一大群气球在空中变换队形,卡罗思考如果它们飘到东德的领空,会不会被误认为战斗机或者 UFO?

  感谢上天,最终没有被东德的核武器回击。但卡罗为了那个情景而创作的歌曲《99 个气球》(*99 Luftballons*)在第二年风靡全球,且在 30 年之后,如果你看到一些衣着邋遢的 45 岁男人的糟糕舞蹈,罪魁祸首仍然可能是它。

  小测试: 证明 $\dfrac{1}{99}$ =0.01010101010101…

[提示] 请见第 81 章。答案在本书最后。

100

◎ Googolplexy，我知道它

在本书中我们已经接触到很多巨大的数字了，这儿还有几个。最著名的超大数字之一就是"googol"。一个 googol 就是 10^{100}，即 1 后面 100 个 0：

10 000 000 000 000 000 000 000 000 000 000 000 000 000 000-
000 000 000 000 000 000 000 000 000 000 000 000 000 000 000-
000 000 000

这个词是由 9 岁的米尔顿·西洛塔（Milton Sirotta）创造的。当他的叔叔，美国数学家爱德华·卡斯勒（Edward Kasner）问他 1 后面 100 个 0 的数叫什么时，他创造了这个词。严格地说，它也可以被叫作"10 的 100 次方"。但我认为我们都赞同"googol"要酷得多。

一个 googol 大约相当于 $70!=70\times69\times68\times\cdots\times3\times2\times1$，这也是 70 个物品按顺序排列的方式的数量。

所以，如果 70 个小孩去博物馆，他们排队的方式一共有大约一个 googol 之多。

而整个宇宙的基础粒子数量被认为在 1 后面 80 到 85 个 0 左右。

这值得思考——70 个小孩在博物馆门前排队的方式竟然大于宇宙中的基础粒子数！

科技巨头谷歌（Google）被认为是由 googol 的一次拼写错误得来的，恰巧谷歌的创始人十分喜爱它。

所以，我听到你问了，那么 1 后面 1 个 googol 个 0 的数叫什么？

它叫 googolplex，巨大得惊人，正因为《辛普森一家》，这部电视剧的杰出编剧们，它才得以在流行文化中保存下来。在此剧中，有个 Springfield Googolplex 影院，是城镇上有"至少 28 块银幕的电影院"。

事实上《辛普森一家》充满了有趣的数学知识，就像它了不起的作者西蒙·辛格（Simon Singh）在他的作品《辛普森和他们的数学秘密》（*The*

Simpsons and Their Mathematical Secrets）中指出的那样。

让我们尝试在脑海中想象这些数到底有多大。根据我的小女儿奥利维亚（Olivia）的观点，一个 googolplex 在任意一个比 20 大的数出现时就存在了。实际上，它比那大得多了。

美国科学家卡尔·萨冈（Carl Sagan）认为，我们不可能写出 googolplex。因为宇宙中也没那么大的空间。物理学家东·佩奇（Don Page）估计，如果你每秒打 2 个 0，那么你需要当今宇宙年龄的 10^{80} 倍时间才能完成。

根据对整个宇宙的"热寂（heat death）"估算 —— 当所有一切持续膨胀，然后冷却，直至人们所说的"大冰冻（the big freeze）"到来，在一个 googol 年之后所有黑洞都将蒸发，而宇宙将几乎真空。这大概是我最愉快地完结此书的方式！

◎ 三角形数和立方数

三角形数和立方数有一个这样的关系：

取一个三角形数，而后将它平方，它等于一些连续立方数之和，从 1^3 开始。

说得更正式一点，就是 $(T_n)^2=1^3+2^3+\cdots+n^3$。

现在，就像我提到的那样，10 是第 4 个三角形数，因为 10=1+2+3+4。

因此在上面的公式中，$T_4=10$，故我们可以写作：

$10^2=1^3+2^3+3^3+4^3$

或

$100=1^3+2^3+3^3+4^3$

✐ **小测试**：仅用 +，− 或 ×，将 1 到 9 这些数字按顺序连接，从而得到 100。其中一种方式是 1+2+3+4+5+6+7+(8×9)=100。但还有其他方式。找出另外一种。答案在本书最后。

◎ 高斯在这里

有一个关于德国数学天才高斯和他的老师巴特勒的故事。有一天，同学们很吵闹，巴特勒老师十分生气。作为惩罚，他出了一道题，想让那些小家伙们安静几个小时。他在黑板上写下了：

$1+2+3+\cdots+98+99+100=?$ 然后沾沾自喜地坐在桌子旁。

据说，他的屁股还没碰到椅子，年轻的高斯就走上讲台，用粉笔写下了正确的答案。关于这个故事的真实性存在争议，但我希望它是真的。

高斯发现，就像我们在第 81 章所看到的，有更简便算出这样的数列之和的方式，因为各项的先后次序不重要：$5+12+19=19+5+12$。

因此可以重新排列 $1+2+3+\cdots+98+99+100$，使它成为 $1+100+2+99+3+98+\cdots+50+51$。

只要你仔细，把数列上所有的数都加进去，就没问题了。

你也可以将这些数分成一对一对的，每对之和为 101：

$(1+100)+(2+99)+(3+98)+\cdots+(50+51)=101+101+101+\cdots+101$

而最后一个括号中的 50 告诉你一共有 50 个括号：

因此 $1+2+\cdots+100=50\times101=5050$

你看着办吧，巴特勒先生！

好啦，这就是数字 1 到 100 的全部了。

我希望你享受阅读和学习的过程，就像我享受引领你的过程一样。

如果还有什么地方不懂的话，请回过头去，再读一遍 —— 这些东西在第二遍或第三遍看时就会深入脑海了。

一个从事市场推广的朋友建议我告诉你们，如果你买 10 本书，然后把它们放在你睡觉的枕头下面，书中的知识就会在晚上渗入你的大脑中。我相信这不是真的，但如果你想试试我不会拦你。

但，说真的，如果你有任何建议、问题，或者是你想让我知道的东西，我的 Twitter 账号是 @adamspencer，还有一个 Facebook 主页和一个关于本书的交互式评论网页，就在我的网站 adamspencer.com.au 上。（中国的读者可以联系本书的译者沈吉儿，1807205725@qq.com。）

现在是时候展示让你们昼夜未寝的答案啦！

小测试答案

第 3 章

第10页 立方体：$V=8$，$F=6$，$E=12$；$8+6-12=2$

正方棱锥：$V=5$，$F=5$，$E=8$；$5+5-8=2$

八面体：$V=6$，$F=8$，$E=12$；$6+8-12=2$

第 4 章

第15页 (1，1，1，1)，(1，1，2)，(1，3)，(2，2)，(4)

第 9 章

第36页（1）
$$9567$$
$$+1085$$
$$\overline{}$$
$$10\ 652$$

第36页（2） 每个词中的字母数给出了 3141592653。而 3.141592653 是 π 精确到第 9 位。

第 11 章

第43页 $R3=111=3\times37$

$R4=1111=11\times101$

$R6=111\ 111=3\times7\times11\times13\times37$

第44页 当你尝试之后，你会知道自己做的是否正确。最后几项为 768，336，54，20，0。

第 12 章

第46页 A dozen，a gross and a score

Plus three times the square root of four

Divided by seven

Plus five times eleven

Is exactly nine squared，nothing more

（即本书所问读者的五行打油诗）

第48页 答案部分有点儿挤啦。你自己上网查皇后问题吧。

第 17 章

第68页（1） $8(8^3=512$ 和 $5+1+2=8)$；17（$17^3=4913$ 和 $4+9+1+3=17$）；18（$18^3=5832$ 和 $5+8+3+2=18)$；26($26^3=17\ 576$ 和 $1+7+5+7+6=26)$；27($27^3=19\ 683$ 和 $1+9+6+8+3=27)$

第68页（2） $17=3^2+2^3=4^2+1^3$

$17=5^2-2^3=9^2-4^3=23^2-8^3$

第 18 章

第71页 艾米和本过桥 (2)，艾米返回 (1)；卡修斯和迪丽娅过桥 (10)，本返回 (2)；艾米和本过桥 (2)。这只花了 2+1+10+2+2=17 分钟。你节省了 2 分钟，虽然本和 19 分钟的情况相比多了 2 次过桥，但你却因为帮卡修斯和迪丽娅"偷渡"而节省了 5 分钟！

辉煌的策略!

第19章

第76页 $F_{19}=4181=37 \times 113$

啊,数学可以化身为一个残酷的情妇。

第25章

第98页 1,3,7,9,13,15,21,25,31,33,37,43,49,51,63,67,69,73,75,79,87,93,99

第99页

第27章

第108页 26和28应该没什么问题。但我一定会被感动的,如果你得出所有这些数:27,82,41,124,62,31,94,47,142,71,214,107,322,161,484,242,121,364,182,91,274,137,412,206,103,310,155,466,233,700,350,175,526,263,790,395,1186,593,1780,890,445,1336,668,334,167,502,251,754,377,1132,566,283,850,425,1276,638,319,958,479,1438,

719,2158,1079,3238,1619,4858,2429,7288,3644,1822,911,2734,1367,4102,2051,6154,3077,9232,4616,2308,1154,577,1732,866,433,1300,650,325,976,488,244,122,61,184,92,46,23,70,35,106,53,160,80,40,20,10,5,16,8,4,2,1。

第28章

第111页(1) $8128=1^3+3^3+5^3+\cdots+15^3$

第111页(2) 是的:

第29章

第116页 20和21; $20^2+21^2=400+441=841=29^2$

第30章

第119页

$9=7+2=5+2+2=3+3+3=3+2+2+2$

第120页 $7\#=7 \times 5\#=210$

$11\#=11 \times 7\#=2310$

$13\#=30\ 030$

第33章

第130页 $55=3+6+10+36$, $64=3+6+55$, $90=3+21+66$

第131页 这是一个常数为 33 的六角星形幻方。

第 34 章

第134页

12	13	1	8
6	3	15	10
7	2	14	11
9	16	4	5

1	2	15	16
13	14	3	4
12	7	10	5
8	11	6	9

10	16	1	7
3	9	8	14
6	4	13	11
15	5	12	2

16	3	2	13
5	10	11	8
9	6	7	12
4	15	14	1

注意：在左下方块中，我们可以把 3 和 6 交换，或者把 14 和 11 交换，得到新的解法。

第 36 章

第144页 1, 2, 4, 6, 12, 24, 36, 48, 60

第 38 章

第150页

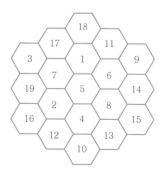

第 39 章

第155页(1) (4, 15, 20), (5, 10, 24) 和 (6, 8, 25)。

第155页(2) 407, 8208, 93 084, 1 741 725, 4 679 307 774

第 43 章

第170页 1 到 100 之间的孪生素数为 (3,5), (5, 7), (11, 13), (17, 19), (29, 31), (41, 43), (59, 61) 和 (71, 73)

第172页(1) 1, 2, 3, 4, 5, 7, 8, 10, 11, 13, 14, 16, 17, 19, 22, 23, 25, 28, 31, 34, 37 和 43

第172页(2) 23, 27, 29, 17 和 89

更普遍地说，对于每一对 (a, b)，你应该可以得到弗罗贝尼乌斯数 $a \times b - (a + b)$.

第 45 章

第179页 $45 = 1 + 2 + 3 + 4 + 5 + 6 + 7 + 8 + 9$, $45 = 7 + 8 + 9 + 10 + 11$, $45 = 14 + 15 + 16$

严格地说，$45 = 45$，如果你想要第 6 种方式！

第180页(1) 55, 99, 297

第180页(2) $55^4 = 9150 625$ 且 $9 + 15 + 06 + 25 = 55$，因此答案是 55。

第 47 章

第186页(1) 89, 179, 359, 719, 1439, 2879。这是长为 6 个数的坎宁安数列。

第180页(2) 1, 2, 3, 4, 6, 8, 11, 13, 16, 18, 26, 28, 36, 38, 47, 48, 53,

57，62，69，72，77，82，87，97，99。

第188页 14，19，28，47，61，75

第 48 章

第191页 140 和 195，1575 和 1648

第 49 章

第196页 444，444，888，889

第 50 章

第198页 $65=1^2+8^2=4^2+7^2$

第 52 章

第208页 (ABCD)，(ABC)(D)，(ABD)(C)，(ACD)(B)，(BCD)(A)，(AB)(CD)，(AC)(BD)，(AD)(BC)，(A)(B)(CD)，(A)(C)(BD)，(A)(D)(BC)，(B)(C)(AD)，(B)(D)(AC)，(C)(D)(AB)，和 (A)(B)(C)(D)。

第 53 章

第212页（1） 89

第212页（2） 最小的 23 个质数之和是 874 $=23\times38$

第 54 章

第216页

$54=7^2+2^2+1^2=6^2+3^2+3^2=5^2+5^2+2^2$

第 55 章

第218页 91，140，204

第219页 $55=1^2+2^2+3^2+4^2+5^2$
$88=1^2+2^2+3^2+5^2+7^2$

第 56 章

第223页 好啦，三角形数是 1，3，6，10，15，21，28，36，45，55…
而四面体数为 1，4，10，20，35，56，84，120…
如果你想看一张十分复杂的四面体数的图，你可以将它旋转，再从各个角度来观察它，请登录到精彩的 Wolfram 主页上：
http://mathworld.wolfram.com/TetrahedralNumber.html

第 57 章

第227页 $8=2^2+2^2$，$17=3^2+2^3$，$54=3^3+3^3$，$32=4^2+2^4$，而我的最爱是 $6^2+2^6=100$

第 61 章

第242页 由 $x=73$ 得到 $73^2-37y^2=1$，因此 $37y^2=73^2-1=5328$，故 $y=12$。
第243页

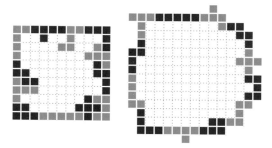

第 62 章

第246页 你不能以那种方式排列 31 块多米诺牌。当你移除相对的角落时，你就是移除了相同颜色的两个方块。这使你留下了 30 块一种颜色和 32 块另一种颜色的方块。但 31 块多米诺牌总是覆盖 31 块深色和 31 块浅色方块。

第 65 章

第258页

1	25	19	13	7
14	8	2	21	20
22	16	15	9	3
10	4	23	17	11
18	12	6	5	24

17	24	1	8	15
23	5	7	14	16
4	6	13	20	22
10	12	19	21	3
11	18	25	2	9

23	6	19	2	15
10	18	1	14	22
17	5	13	21	9
4	12	25	8	16
11	24	7	20	3

25	13	1	19	7
16	9	22	15	3
12	5	18	6	24
8	21	14	2	20
4	17	10	23	11

第260页 $65=1^2+8^2=4^2+7^2$,

$$65^2=16^2+63^2$$
$$=25^2+60^2$$
$$=33^2+56^2$$
$$=39^2+52^2$$

第 66 章

第262页 171 和 595。还有：1+2+3+6+11+22+33=78。并且，因为 78 比 66 大，所以 66 是一个盈数。

第 67 章

第267页 $67^2=4489$ 且 44+89=133

$67^3=300\,763$ 且 30+07+63=100

$67^4=20\,151\,121$ 且 20+15+11+21=67

67 是 4 次幂的卡普雷卡尔数。

第 68 章

第272页 1，7，10，13，19，23，28，31，32，44，49，68，70，79，82，86，91，94，97，100

第 69 章

第274页 63=LXⅢ 且 12+24+9+9+9=63

第275页 $69^2=4761$ 且 $69^3=328\quad509$。

答案有从 0 到 9 的数字，且每个数字用一次。

第 70 章

第279页 4900 或 70^2。

第 71 章

第283页 $m=71$，$n=7$。

第 72 章

第286页

72=13+17+19+23=5+7+11+13+17+19

第 73 章

第291页 $78\,557×2^3+1=628\,457=73×8609$

第 75 章

第298页 1，6，18，40，75，126，196，288，405，550

第299页 1，3，5，7，9，20，31，42，53，64，75，86，97

第 77 章

第306页 $4^2+5^2+6^2$ 或 $2^2+3^2+8^2$

第307页 27，35，51，57，65，77，87，93，95

第 79 章

第314页 从 1 到 100 的表亲素数是 (p, p+4)，其中 p=3，7，13，19，37，43，67，79 和 97。

第 80 章

第318页

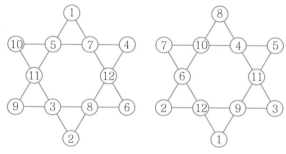

第 83 章

第331页 5，7，11，23，47，59，83。除了 5 和 7，它们都能表示为 12k-1 的形式，k 为某数。

第 84 章

第334页 设丢番图活了 D 年。谜题告诉我们：

$$D=\frac{D}{6}+\frac{D}{12}+\frac{D}{7}+5+\frac{D}{2}+4$$

$$D=\frac{(14D+7D+12D+42D)}{84}+9$$

$$D=\frac{75D}{84}+9$$

$$84D = 75D + 756$$

$$9D = 756$$

$$D = 84$$

第336页 10，12，18，20，21，24，27，30，36，40，42，45，48，50，54，60，63，70，72，80，81，84，90，100

第 85 章

第340页 $85=9^2+2^2=7^2+6^2$

第 86 章

第342页 33，34 和 35。

第344页(1)

$7=3+2+2=2+3+2=2+2+3$，

$9=2+2+2+3=2+2+3+2=2+3+2+2=3+2+2+2=3+3+3$，

$10=2+2+2+2+2=2+2+3+3$

且这些 3 个 2 和 2 个 3 的组合可以表示为 6 种形式。

第344页(2) 它不含 0。我们一直检验到 $2^{46\,000\,000}$ 也没有发现一个反例，因此 2^{86} 有时被称为"非常可能"或"几乎确定"2

407

的不含数字 0 的最高次幂。

第 89 章

第355页 2，3，5，11，23，29，41，53 和 83。

第 90 章

第359页 利用递归关系，这个佩兰数为 3，0，2，3，2，5，5，7，10，12，17，22，29，39，51，68，90…

第 93 章

第371页 4，6，9，10，14，15，21，22，25，26，33，34，35，38，39，46，49，51，55，57，58，62，65，69，74，77，82，85，86，87，91，93，94 和 95

第 94 章

第374页 4，22，27，58，85

第 96 章

第383页 12，18，20，24，30，36，40，42，48，54，56，60，66，70，72，78，80，84，88，90，96，100

第 97 章

第388页 为了节省空间，我将 $97=3 \times 2^5+1$ 写作 97(3，5)。普罗斯质数所需要的数对 (a，b) 为 3(1，1)，5(1，2)，13(3，2)，17(1，4)，41(5，3)。

第 98 章

第390页（1）

从 99 千克水和 1 千克 "其他马铃薯非水分物质" 开始。水占了马铃薯质量的 99%，而另一种物质占了 1%。但如果要使水占所有比重的 98%，你需要 1 千克马铃薯物质和 49 千克水。

因此 100 千克马铃薯已经缩小到只剩 50 千克了！

第390页（2） $98=19+79$

第392页 $98=9^2+4^2+1^2=8^2+5^2+3^2$ 且 $98=9^2+3^2+2^2+2^2=8^2+4^2+3^2+3^2=7^2+6^2+3^2+2^2=6^2+6^2+5^2+1^2$

第 99 章

第396页

假设，$x=0.010101010101\cdots$

所以，$100x=1.010101010101\cdots$

并且 $100x-x=1.01010101\cdots-0.01010101\cdots=1$

因此，$99x=1$ and $x=\dfrac{1}{99}$

第 100 章

第399页

$100=(1 \times 2+3) \times 4 \times 5+6-7-8+9$

$100=1-2 \times 3+4 \times 5+6+7+8 \times 9$

$100=1-2 \times 3-4-5+6 \times 7+8 \times 9$

$100=1+2-3 \times 4-5+6 \times 7+8 \times 9$